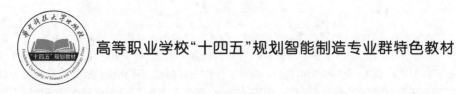

高等职业学校"十四五"规划智能制造专业群特色教材

电气控制技术

主 编 魏国莲 马世辉
副主编 张东东 李文明 樊小波

U0278651

华中科技大学出版社
中国·武汉

内 容 简 介

本书以高职学生必备的电气控制系统电路的安装、调试和检修操作技能为主线进行编写,主要内容包括常用低压电器的识别与检测、三相异步电动机控制电路的安装与调试、典型机床电气系统的分析与故障检修。全书分为6个项目,共16个典型工作任务。每个工作任务以理实一体化教学模式为导向设计教学内容和实施步骤,包括任务目标、任务描述、相关知识、任务实施、任务评价等,其中任务实施及评价以实训报告的形式单独成册,学生参考教材并在教师教学的过程中开展任务实施、完成实训报告。内容安排体现"做中学、学中做"的教学理念,突出职业素质与技能技能培养,注重学生自主探究式学习能力培养。本书适用于基于工作任务的理实一体化教学模式,教学过程应集中在具备理论与实践一体化教学条件的维修电工实训室、电气系统装调实训室和机床电气系统检测与维修实训室。

本书可作为高职高专院校机电类、电气类专业的教材,也可作为岗前培训、职业鉴定、技术培训的参考用书。

图书在版编目(CIP)数据

电气控制技术/魏国莲,马世辉主编.—武汉:华中科技大学出版社,2022.3(2025.1 重印)
ISBN 978-7-5680-7772-9

Ⅰ.①电…　Ⅱ.①魏…　②马…　Ⅲ.①电气控制　Ⅳ.①TM921.5

中国版本图书馆 CIP 数据核字(2022)第 031783 号

电气控制技术
Dianqi Kongzhi Jishu

魏国莲　马世辉　主编

策划编辑：王　勇
责任编辑：戴凤平
封面设计：廖亚萍
责任监印：周治超
出版发行：华中科技大学出版社(中国·武汉)　　电话：(027)81321913
　　　　　武汉市东湖新技术开发区华工科技园　　邮编：430223
录　　排：武汉市洪山区佳年华文印部
印　　刷：武汉科源印刷设计有限公司
开　　本：787mm×1092mm　1/16
印　　张：16
字　　数：368 千字
版　　次：2025 年 1 月第 1 版第 5 次印刷
定　　价：49.80 元(含实训报告)

前　言

本书基于"服务为宗旨、就业为导向、能力为本位"的指导思想，按照"学做一体"的教学模式实现理论学习与实践操作一体化教学，突出职业素养与技术技能培养，注重培养学生自主探究式学习能力。本书的主要特色体现在以下几个方面：

（1）各项目中的任务编排由易到难，符合学生学习认知规律的螺旋式上升特点。

（2）内容设计基于典型任务，以任务实施过程为导向将理论知识和专业技能融于工作任务实施过程中。学生可在完成任务过程中学习知识、掌握技能、了解企业工作任务实施过程。

（3）理论学习与实践技能训练按任务进程交替进行，并按企业实际工作过程对实施步骤或工序的要求开展学生自检，教师检查，评价，以评促学，提高学生的学习积极性。

（4）配套动画、微课、操作视频等信息化资源，便于学生进行自主探究式学习。

本书主编为魏国莲、马世辉，副主编为张东东、李文明、樊小波。全书分6个项目共16个工作任务。其中项目1~5（含实训报告）由魏国莲编写，项目6教材部分由马世辉编写，项目6实训报告中的3个任务分别由张东东、李文明、樊小波编写。

由于编者水平有限，加之编写时间仓促，书中难免有不足之处，敬请广大读者批评指正。

编　者
2021 年 10 月

目　录

项目 1　常用低压电器的识别与检测

【工作任务】

(1) 常用低压配电电器的识别与检测。

(2) 常用低压控制电器的识别与检测。

【知识目标】

(1) 掌握低压电器的定义、分类。

(2) 熟记常用低压电器的电气符号。

(3) 了解常用低压电器的作用、分类、型号含义及技术参数。

【能力目标】

(1) 能够识别常用低压电器的外形、结构。

(2) 能够描述常用低压电器的功能。

(3) 能够合理选用常用低压电器的类型和参数。

(4) 能够用仪表和工具检测、拆装和维修常用低压电器,排除常见故障。

【素养目标】

(1) 遵循标准,规范操作。

(2) 工作细致,态度认真。

(3) 团队协作,有创新精神。

任务 1.1　常用低压配电电器的识别与检测

【任务目标】

(1) 掌握常用低压配电电器的定义、分类、工作原理及基本结构。

(2) 会识别、选择和使用刀开关、组合开关、熔断器和断路器。

(3) 能够用仪表和工具检测、拆装和维修常用低压配电电器,排除常见故障。

【任务描述】

本任务是识别常用低压配电电器,如刀开关、组合开关、熔断器和断路器,并使用仪表和工具进行检测、拆装、维修,排除常见故障。

【相关知识】

一、电器的基本知识

电器是可根据外界施加信号和要求,手动或自动地接通和断开电路,以实现对电路或非电对象的切换、控制、保护、检测、变换和调节的元器件或设备。完全由电器组成的控制系统称为继电器-接触器控制系统,简称电气控制系统。

高压电器是指用于交流电压 1200 V、直流电压 1500 V 及以上电路中,起通断、控制、保护或调节作用的电器元件。例如高压断路器、高压隔离开关、高压熔断器等。

低压电器是指用于交流 50 Hz(或 60 Hz)、额定电压1200 V 以下或直流额定电压1500 V 以下的电路中,起通断、控制、保护或调节作用的电器元件,如接触器、继电器等。常用的低压电器主要有刀开关、断路器、熔断器、接触器、继电器、按钮、行程开关等。低压电器的分类见表 1-1-1。

表 1-1-1　低压电器的分类

分类方式	类　型	说　　明
按动作原理分类	手动电器	用手或依靠机械力进行操作的电器,如按钮、刀开关、行程开关等
	自动电器	借助电磁力或某个物理量的变化自动进行操作的电器,如接触器、各种类型的继电器、电磁阀等
按功能分类	配电电器	主要用于配电系统和动力回路,具有工作可靠、动稳定性与热稳定性好、能承受一定电动力作用的优点,常用低压配电电器包括刀开关、隔离开关和低压断路器等
	控制电器	主要用于各种控制电路和控制系统,控制电动机的起动、制动、调速等的电器,如接触器、继电器、电动机起动器等
	保护电器	用于保护电路及用电设备和电动机使其安全运行的电器,如熔断器、热继电器、各种保护继电器、避雷器等
	主令电器	用于控制系统中发出指令,如按钮、行程开关、万能转换开关等
	执行电器	主要用于执行控制任务,包括电动机、电磁铁、电磁阀等
	信号电器	用于产生指示信号,表明控制系统或电器设备的状态,包括指示灯、蜂鸣器等

二、刀开关

在低压电路中,刀开关一般作为不频繁手动接通/断开电路和电源隔离开关使用,是一种手动配电电器。刀开关可以用作电源开关、照明电路的控制开关或小容量电动机的起停控制开关。

刀开关主要由手柄、触刀、静插座、铰链支座和绝缘底板组成。刀开关按极数可分为单极、双极和三极刀开关,按操作方式可分为直接手柄操作、正面旋转手柄操作、杠杆操作和电动操作刀开关,按转换方式可分为单投和双投刀开关。

1. 刀开关的结构和外形

常用刀开关的结构和外形如图 1-1-1 所示。

刀开关的结构和工作原理

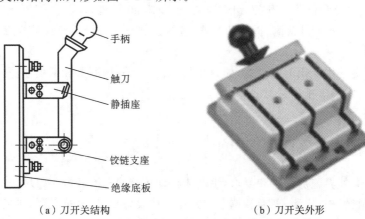

（a）刀开关结构　　　　　　　　　（b）刀开关外形

图 1-1-1　刀开关的结构和外形

2. 刀开关的电气符号

刀开关和负荷开关的图形符号及文字符号分别如图 1-1-2 和图 1-1-3 所示。

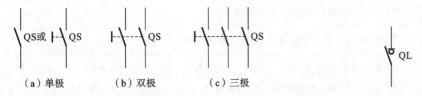

（a）单极　　　（b）双极　　　（c）三极

图 1-1-2　刀开关的图形、文字符号　　　　　　图 1-1-3　负荷开关的图形、文字符号

3. 刀开关的型号及含义

刀开关的型号及含义如下：

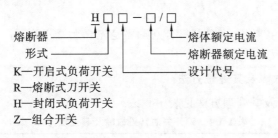

4. 刀开关的选择

（1）根据使用场合，选择刀开关的类型、极数及操作方式。

（2）刀开关额定电压应大于或等于线路电压。

（3）刀开关额定电流应大于或等于线路的额定电流。对于电动机负载，开启式刀开关额定电流可取电动机额定电流的 3 倍，封闭式刀开关额定电流可取电动机额定电流的 1.5 倍。

HK1 系列开启式负荷开关的主要技术参数见表 1-1-2。

表 1-1-2　HK1 系列开启式负荷开关的主要技术参数

型号	极数	额定电流/A	额定电压/V	可控制电动机最大功率/kW		配用熔丝规格			
						熔丝成分/（%）			熔丝截面/mm²
				220 V	380 V	铅	锡	锑	
HK1-15	2	15	220	—	—				1.45～1.59
HK1-30	2	30	220	—	—				2.30～2.52
HK1-60	2	60	220	—	—	98	1	1	3.36～4.00
HK1-15	3	15	380	1.5	2.2				1.45～1.59
HK1-30	3	30	380	3.0	4.0				2.30～2.52
HK1-60	3	60	380	4.5	5.5				3.36～4.00

5. 刀开关的识别与检测

HK1 系列开启式负荷开关的识别与检测方法见表 1-1-3。

6. 刀开关的安装与维护

（1）刀片应垂直安装。

表 1-1-3　HK1 系列开启式负荷开关的识别与检测方法

序号	任务内容	操作说明
1	识读型号	型号标注在开启式负荷开关的胶盖上
2	识别接线端	接线座上端为进线端,接线座下端为出线端
3	检测开启式负荷开关的好坏	选择万用表电阻挡,用两支表笔分别搭接在开启式负荷开关的进、出线端子上。当合上开关时,若阻值为0,则开启式负荷开关正常;若阻值为∞,则开启式负荷开关已断路,应当检查熔体连接是否可靠等

（2）手柄向上为合闸状态,向下为分闸状态,不得倒装或平装。

（3）接线时应将电源线接在上端,负载线接在下端,避免负载线因重力自动下落,引起误动合闸。

（4）刀开关作电源隔离开关使用时,合闸顺序是先合上刀开关,再合上其他用以控制负载的开关;分闸顺序则相反。

7. 刀开关的常见故障及其处理方法

刀开关的常见故障及其处理方法见表 1-1-4。

表 1-1-4　刀开关的常见故障及其处理方法

故障现象	产生原因	处理方法
合闸后一相或两相没电	插座弹性消失或开口过大	更换插座
	熔丝熔断或接触不良	更换熔丝
	插座、触刀氧化或有污垢	清洁插座或触刀
	电源进线或出线端子氧化	检查进、出线端子
触刀和插座过热或烧坏	开关容量太小	更换较大容量的开关
	分、合闸时动作太慢造成电弧过大,烧坏触点	改进操作方法
	插座表面烧毛	用细锉刀修整
	触刀与插座压力不足	调整插座压力
	负载过大	减小负载或更换较大容量的开关
封闭式负荷开关的操作手柄带电	外壳接地线接触不良	检查接地线
	电源线绝缘损坏碰壳	更换导线

三、组合开关

组合开关是一种特殊的刀开关,又称为转换开关或万能转换开关,可实现多触点组合。组合开关的操作手柄可在平行于安装面的平面内向左或向右转动。组合开关多用于机床电气控制电路中,作为电源开关,也可用于不频繁接通/断开电路、转换电源相序和负载等。

1. 组合开关的外形、结构及电气图形和文字符号

组合开关的静触头一端固定在胶木盒内,另一端伸出盒外,与电源或负载相连。动触片套在绝缘方杆上,绝缘方杆每次做90°正方向或反方向的转动,带动静触头通断。组合开关的外形、结构及电气图形和文字符号如图 1-1-4 所示。

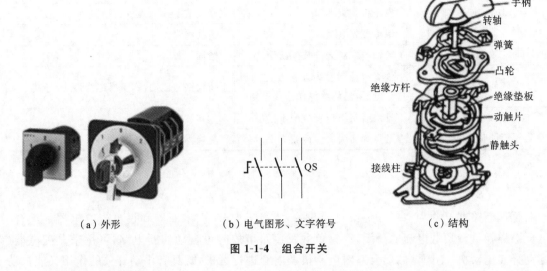

（a）外形　　　　　（b）电气图形、文字符号　　　　（c）结构

图 1-1-4　组合开关

2. 组合开关的选择

（1）组合开关用于照明电路时,组合开关的额定电流应大于或等于被控制电路中各负载电流的总和。

（2）组合开关用于电动机电路时,组合开关的额定电流一般取电动机额定电流的1.5~2.5倍。

3. 组合开关的识别与检测

HZ10 系列组合开关的识别与检测方法见表 1-1-5。

表 1-1-5　HZ10 系列组合开关的识别与检测方法

序号	任务内容	操作说明
1	识读型号	型号标注在组合开关的手柄下方的胶盖上
2	识别接线端	接线座上端为进线端,接线座下端为出线端
3	检测组合开关的好坏	选择万用表电阻挡,用两支表笔分别搭接在组合开关的进、出线端子上。当手柄旋到"0"位置时组合开关断开,则阻值应为∞;当手柄旋到"1"位置时组合开关闭合,则阻值应为 0

4. 组合开关的使用

（1）组合开关不能用来分断故障电流。当组合开关用于控制电动机做可逆运转时,必须在电动机完全停止转动后,才允许反向接通。

（2）当操作较频繁或负载功率因数较低时,组合开关要降容使用,否则将会影响开关寿命。

5. 组合开关的常见故障及其处理方法

组合开关的常见故障及其处理方法见表 1-1-6。

表 1-1-6　组合开关的常见故障及其处理方法

故障现象	产生原因	处理方法
手柄转动而内部触点未动	手柄磨损	更换手柄
	操作机构损坏	修复或更换
	绝缘方杆磨损	更换绝缘方杆
	转轴与绝缘方杆装配松动	紧固
开关相间短路	铁屑或油污黏附在接线柱间形成导电层,破坏绝缘而形成短路	清除铁屑或油污,更换绝缘件
手柄转动而各对动、静触点不能同时通、断	维修后触点位置装配不正确	重新装配
	触点弹簧失去弹性或有尘污	更换弹簧或清除尘污

四、低压断路器

低压断路器又称为空气开关或自动开关,相当于刀开关、熔断器和过电流继电器的组合。低压断路器负责负载电流的开闭,在过负载及短路事故时可自动切断电路,可用来分配电能、起动异步电动机(不频繁的场合)、对电动机及电源进行保护,既具有手动开关的作用又能自动进行欠压、失压、过载和短路保护。

1. 低压断路器的分类和用途

低压断路器按壳架形式、额定电流和用途分为小型(微型)断路器、塑壳式断路器、框架式断路器、限流式断路器和剩余电流动作断路器几类。低压断路器的分类见表 1-1-7。

表 1-1-7　低压断路器的分类

类别	外形图	用途	特点
小型(微型)断路器		适用于额定电流为 63 A 及以下的线路中,用于保护建筑物的线路设施及类似用途,同时其还具有隔离功能	该断路器可加装辅助触头、报警触头和分励脱扣器等电气附件,以提供辅助信号和实现断路器远距离分断等
塑壳式断路器		适用于额定电流不超过 800 A 的电路,用于线路的不频繁转换和电动机的不频繁起动。四极塑壳断路器可实现中性线和相线一起分断,防止中性线上高电位传递,以保证维护和操作人员的安全	该断路器本体除可提供对线路及电动机的短路和过载保护外,还可嵌装欠电压脱扣器、分励脱扣器、报警触头、辅助触头和电操机构等功能模块,实现多种保护和控制功能。极数有 1P、2P、3P 和 4P
框架式断路器(DW型)		主要用在额定电流为 200～6300 A 的配电网络中,用来分配电能和保护线路,作过载、欠电压、短路、单相接地等故障保护。具有智能化保护功能,选择性保护精确,能提高供电的可靠性,避免不必要的停电,可实现完善的三段或四段保护	该断路器又称为万能式断路器,结构紧凑、体积小、电流容量大、热稳定性好、分断能力强。常见的框架式断路器有 DW10 系列和 DW15 系列,其额定电流等级有 200 A、400 A、600 A、1000 A、1500 A、2500 A 和 4000 A 七种

续表

类　别	外形图	用　　途	特　　点
限流式断路器		当电路出现短路故障时,限流式断路器能在短路电流还未达到预期的电流峰值前,迅速将电路断开。这种断路器分断速度快,常用于对分断能力要求高的场合	常见的限流式断路器有 DWX 系列和 DZX 系列等

2. 低压断路器的结构和工作原理

（1）低压断路器的结构。

低压断路器的结构如图 1-1-5 所示。低压断路器主要由触点、灭弧系统、各种脱扣器和操作机构等组成。脱扣器与低压断路器的功能相对应,分为自由脱扣器、过电流脱扣器、分励脱扣器、热脱扣器和失压(欠电压)脱扣器。

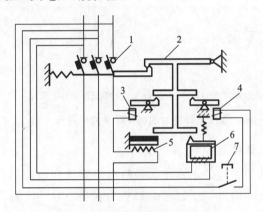

低压断路器的结构
和工作原理

图 1-1-5　低压断路器的结构

1—主触点；2—自由脱扣器；3—过电流脱扣器；4—分励脱扣器；5—热脱扣器；6—欠电压脱扣器；7—按钮

（2）低压断路器的工作原理。

断路器的主触点 1 靠手动或电动操作机构合闸。主触点闭合后,自由脱扣器 2 将主触点 1 锁在合闸位置上。

过电流脱扣器 3 的线圈和热脱扣器 5 的热元件与主电路串联。当电路发生短路或出现过电流时,过电流脱扣器的衔铁吸合,过电流脱扣器 3 所产生的电磁力使挂钩脱扣,并使自由脱扣器 2 动作,动触点在弹簧的拉力作用下迅速断开,主触点 1 断开主电路。当电路发生过载时,热脱扣器 5 的热元件发热使双金属片向上弯曲,推动自由脱扣器 2 动作。

欠电压脱扣器 6 的线圈和电源并联。当电路欠电压时,欠电压脱扣器 6 的衔铁释放,使自由脱扣器 2 动作。

分励脱扣器 4 用于远程控制,正常工作时,其线圈失电。在需要远程控制时,按下远程控制按钮,分励脱扣器 4 的线圈得电,衔铁产生电磁力带动自由脱扣器 2 动作,使断路器主触点 1 断开。

漏电保护器可以检测线路异常,并在电流强度和时间达到伤害程度之前跳闸,切断电源主电路,充分保证人身安全。

灭弧系统将动、静触点分断时产生的电弧引入灭弧栅片中，分割成小段，切断电弧并使电弧熄灭。

3. 低压断路器的型号和电气符号

（1）型号。低压断路器的型号及其含义如下：

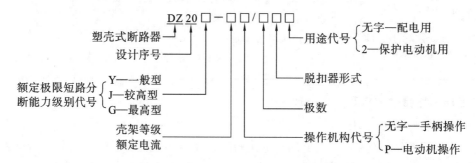

（2）电气符号。低压断路器的图形符号及文字符号如图1-1-6所示。

（a）单相低压断路器的符号　　（b）三相低压断路器的符号

图1-1-6　低压断路器的图形符号及文字符号

4. 低压断路器的主要技术参数

以塑壳式断路器为例，低压断路器的主要技术参数有额定工作电压、额定电流、额定极限短路分断能力、额定运行短路分断能力、电气寿命、机械寿命等。GSM1系列低压断路器的主要技术参数见表1-1-8。

表1-1-8　GSM1系列低压断路器的主要技术参数

型号	额定电流/A	额定工作电压/V	额定极限短路分断能力/kA		额定运行短路分断能力/kA		电气寿命/次	机械寿命/次
GSM1-63	63	DC 250 AC400	DC 250	20	DC 250	15	8000	20000
			AC 400	50	AC 400	35		
GSM1-100	100	AC 400	AC 400	50	AC 400	35	—	—
GSM1-125	125	DC 250 AC 400	DC 250	20	DC 250	15	8000	20000
			AC 400	50	AC 400	35		
GSM1-250	250	AC 400	AC 400	65	AC 400	42	8000	20000
GSM1-630	630	AC 400	AC 400	65	AC 400	42	7500	10000

5. 低压断路器的选择原则

低压断路器的选择应从以下几方面考虑：

（1）根据使用场合和保护要求来选择断路器类型。如：照明线路、电动机控制一般选用塑壳式；配电线路短路电流很大时选用限流式；额定电流比较大或有选择性保护要求时选用框架式。

（2）保护含有半导体器件的直流电路时应选用直流快速断路器。

（3）断路器额定电压、额定电流应大于或等于线路、设备的正常工作电压和工作电流。

（4）断路器极限分断能力应大于或等于线路可能出现的最大短路电流。

（5）欠电压脱扣器额定电压等于线路额定电压。

（6）过电流脱扣器额定电流大于或等于线路的最大负载电流。

6. 低压断路器的识别与检测方法

低压断路器的识别与检测方法见表 1-1-9。

表 1-1-9 低压断路器的识别与检测方法

序号	任务内容	操 作 说 明
1	识读型号	型号标注在低压断路器产品的正面
2	识别接线端	接线座上端为进线端，接线座下端为出线端
3	检测低压断路器的好坏	选择万用表电阻挡，用两支表笔分别搭接在低压断路器的进、出线端子上。当合上低压断路器时，阻值为 0；当断开低压断路器时，阻值应为 ∞

7. 低压断路器常见故障及其处理方法

低压断路器常见故障及其处理方法见表 1-1-10。

表 1-1-10 低压断路器常见故障及其处理方法

故障现象	产 生 原 因	处 理 方 法
手动操作断路器不能合闸	储能弹簧变形，闭合力减小	更换储能弹簧
	欠电压脱扣器无电压或线圈损坏	检查线路后加上电压或更换线圈
	热脱扣器的双金属片尚未冷却复原	待双金属片冷却后再合闸
	释放弹簧的反作用力太大	调整弹力或更换弹簧
	电源电压过低	检查线路并调高电源电压
电动操作断路器不合闸	电源容量不够	增大操作电源容量
	电源电压不符	更换电源
	电动机操作定位开关变位	调整定位开关
	电磁铁拉杆行程不够	调整或更换拉杆
起动电动机时断路器自动分闸	过电流脱扣器瞬动整定电流太小	调整瞬动整定电流
	脱扣器某些零件损坏	更换脱扣器或损坏的零件
	脱扣器反力弹簧断裂或落下	更换弹簧或重新装好弹簧
欠电压脱扣器有噪声或振动	铁芯工作面上有污垢	清除铁芯污垢
	短路环断裂	更换铁芯
	反力弹簧的反作用力太大	调整或更换弹簧
断路器温升过高	触点接触压力太小	调整或更换触点弹簧
	触点表面磨损严重，接触不良	修理触点表面或更换触头
	导电零件间连接螺钉松动	拧紧螺钉

续表

故障现象	产生原因	处理方法
欠电压脱扣器不能使断路器分断	反力弹簧力变小	调整弹簧力
	储能弹簧断裂或弹簧力变小	更换弹簧或调整储能弹簧力
	机构卡死	清除卡滞因素

五、熔断器

熔断器是一种利用熔体的熔化作用而切断电路的、最初级的保护电器,其串联在被保护电路中,当电路中的电流超过熔断器的额定值一定的时间后,熔断器熔体发热产生热量使熔体熔化而切断电路。熔断器适用于交流低压配电系统,作为线路的过负载及系统的短路保护元件。

熔体的热量与通过熔体的电流的平方及持续通电时间成正比,当电路短路时,电流很大,熔体急剧升温,立即熔断,当电路中电流值等于熔体额定电流时,熔体不会熔断,所以熔断器可用于短路保护。

1. 熔断器的结构、分类和用途

熔断器由熔体及安装熔体的外壳组成。熔体常用低熔点材料如铅锡合金、锌等,或高熔点材料如银、铜等制成丝状或片状。熔体的外壳是底座与载熔件的组合。熔断器有很多类型和规格,如有填料封闭管式 RT 型、无填料封闭管式 RM 型、螺旋式 RL 型、快速式 RS 型、插入式 RC 型等,熔体额定电流可从最小的 0.5 A(FA4 型)到最大的 2100 A(RSF 型),按不同的形式有不同的规格。常用熔断器的外形如图 1-1-7 所示。

（a）RC1A系列瓷插式　　　（b）RL1系列螺旋式　　　（c）RM10系列无填料封闭管式

（d）RT18系列有填料封闭管式　　（e）RS0/RS3系列有填料快速熔断式　　　（f）自复式

图 1-1-7　常用熔断器的外形

2. 熔断器的型号和电气符号

（1）型号。熔断器的型号及其含义如下:

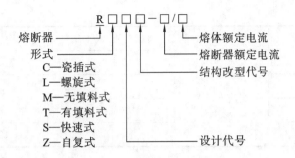

（2）电气符号。熔断器的图形、文字符号如图 1-1-8 所示。

FU

图 1-1-8　熔断器的图形、文字符号

3. 熔断器的主要技术参数

熔断器的主要技术参数包括额定电压、熔体额定电流、熔断器额定电流、极限分断能力及时间-电流特性等。

（1）额定电压指熔断器长时间工作所能承受的电压。如果熔断器实际工作电压大于其额定电压,则熔体熔断时可能发生电弧不能熄灭的危险。

（2）熔体额定电流指熔体中长期通过而不会使熔体熔断的电流。

（3）熔断器额定电流指保证熔断器能长期正常工作的电流。它由熔断器各部分长期工作时允许的温升决定。

（4）极限分断能力指熔断器在额定电压下所能分断的最大电流。在电路中出现的最大电流一般是指短路电流值,所以,极限分断能力也反映了熔断器分断短路电流的能力。

（5）时间-电流特性指在规定条件下流过熔体的电流与熔体熔断时间之间的关系,也称为安秒特性或保护特性。熔断器串接于被保护电路中,电流通过熔断器熔体产生的热量与电流的平方和电流通过的时间成正比,电流越大则熔体熔断时间越短。熔断器的熔断电流与熔断时间的关系见表 1-1-11。

表 1-1-11　熔断器的熔断电流与熔断时间的关系

熔断电流 I_s/A	$1.25I_\text{N}$	$1.6I_\text{N}$	$2.0I_\text{N}$	$2.5I_\text{N}$	$3.0I_\text{N}$	$4.0I_\text{N}$	$8.0I_\text{N}$	$10.0I_\text{N}$
熔断时间/s	∞	3600	40	8	4.5	2.5	1	0.4

注:I_N 为电动机的额定电流。

从表 1-1-11 中可以看出,熔断器的熔断时间随着电流的增大而减小。熔断器一般不用于电动机的过载保护,而主要用于电动机及其他控制电路发生短路故障时进行短路保护。

常用熔断器的技术参数见表 1-1-12。

表 1-1-12　常用熔断器的技术参数

类别	型　　号	额 定 电 压	额定电流/A	熔体额定电流/A
瓷插式熔断器	RC1A-5	交流 380 V 或 220 V	5	2、4、5
	RC1A-10		10	2、4、6、10
	RC1A-15		15	6、10、15
	RC1A-30		30	15、20、25、30
	RC1A-60		60	30、40、50、60
	RC1A-100		100	60、80、100

续表

类别	型　号	额定电压	额定电流/A	熔体额定电流/A
螺旋式熔断器	RL1-15	交流 500 V	15	2、4、5、6、10、15
	RL1-60		60	20、25、30、35、40、50、60
	RL1-100		100	60、80、100
	RL1-200		200	120、150、200

4. 熔断器的选择

熔断器的选择主要包括熔断器类型的选择、熔断器额定电压和额定电流的选用,以及熔体额定电流的选用。熔断器的额定电压应大于或等于实际电路的工作电压;熔断器的额定电流应大于或等于所装熔体的额定电流。熔体的额定电流是选择熔断器的主要依据,具体选择原则有以下几种:

(1) 对于照明线路或电阻炉等没有冲击性电流的阻性负载,熔断器作过载和短路保护用,熔体的额定电流应大于或等于负载的额定电流,即

$$I_{RN} \geqslant I_N$$

式中:I_{RN}——熔体的额定电流;I_N——负载的额定电流。

(2) 保护一台长期工作制的电动机时,考虑电动机的起动电流较大,熔体电流可按最大起动电流选取,也可按下式选取:

$$I_{RN} \geqslant (1.5 \sim 2.5) I_N$$

式中:I_{RN}——熔体的额定电流;I_N——电动机的额定电流。如果电动机频繁起动,则式中系数可适当加大至 3～3.5,具体应根据实际情况而定。

(3) 保护多台长期工作制的电动机时,则应按下式计算:

$$I_{RN} \geqslant (1.5 \sim 2.5) I_{Nmax} + \sum I_N$$

式中:I_{RN}——熔体的额定电流;I_{Nmax}——容量最大的一台电动机的额定电流;$\sum I_N$——其余各台电动机额定电流之和。

(4) 快速熔断器的熔体额定电流的选择。在小容量变流装置(可控硅整流元件的额定电流小于 200 A)中熔断器的熔体额定电流应按下式计算:

$$I_{RN} = 1.57 I_{SCR}$$

式中:I_{SCR}——可控硅整流元件的额定电流。

(5) 供电干线与支线(上、下级)熔断器之间,为防止发生越级熔断,应使供电干线(上级)熔断器的熔体额定电流比供电支线(下级)的大 1～2 级。

5. 熔断器的识别与检测方法

RL1 系列熔断器的识别与检测方法见表 1-1-13。

表 1-1-13　RL1 系列熔断器的识别与检测方法

序号	任务内容	操作说明
1	识读熔断器的型号	型号标注在瓷座的铭牌上或瓷帽上
2	识别上、下接线端	上接线端(高端)为出线端,下接线端(低端)为进线端

续表

序号	任务内容	操作说明
3	识别熔体的好坏	观察瓷帽,熔体有色标表示熔体正常,无色标表示熔体已熔断
4	识读熔体额定电流	熔体的表面上标注有熔体的额定电流
5	检测熔断器的好坏	选择万用表电阻挡,用两支表笔分别搭接在熔断器上、下接线端子上。若阻值为0,则熔断器正常;若阻值为∞,则熔断器已断路,应当检查熔体是否断路或者瓷帽是否旋到位等

6. 熔断器的使用

(1)为保证人身和设备安全,必须在断电的情况下安装熔断器,严禁带负载取装熔体。

(2)安装熔断器时应保证熔体与接线座接触良好。瓷插式熔断器应垂直安装。螺旋式熔断器接线时,电源线应接在下接线座上,负载线应接在上接线座上,以保证安全。

(3)不能用小规格的熔体并联来代替一根大规格的熔体。在多级保护的场合,上级熔断器的额定电流等级应比下级熔断器的额定电流等级大两级。

(4)RM10系列熔断器在切断过三次相当于分断力的电流后,必须更换熔断管,以保证其可靠工作。

(5)熔体熔断后,应分析原因并排除故障后再更换新的熔体。在更换新的熔体时不能轻易改变熔体的规格,更不能使用铜丝或铁丝代替熔体。

(6)熔断器若兼作隔离器件使用,应安装在控制开关的电源进线端;若仅作短路保护用,应装在控制开关的出线端。

7. 熔断器的常见故障及其处理方法

熔断器的常见故障及其处理方法见表1-1-14。

表1-1-14　熔断器的常见故障及其处理方法

故障现象	产生原因	处理方法
电路接通瞬间熔体熔断	熔体规格选择过小	更换合适的熔体
	负载侧短路或接地	排除负载侧短路或接地故障
	熔体安装时受到损伤	更换熔体
熔体未熔断,但电路不通	熔体与接线座接触不良	线路断电后,重新安装熔体

任务1.2　常用低压控制电器的识别与检测

【任务目标】

(1)掌握常用低压控制电器的定义、分类、工作原理及基本结构。

(2)会识别、选择和使用接触器、按钮、热继电器、时间继电器、速度继电器和行程开关。

(3)能够用仪表和工具拆装、检测和维修常用低压控制电器,排除常见故障。

【任务描述】

本任务是识别常用低压控制电器,如接触器、按钮、热继电器、时间继电器、速度继电器和行程开关,并使用仪表和工具进行检测、拆装、维修,排除常见故障。

【相关知识】

一、交流接触器

接触器用于频繁地接通或分断交直流电路,并可实现远距离控制,主要控制对象是电动机,也可用于控制电热器、电焊机、电容器组等其他负载。接触器具有操作频率高、机械和电气寿命长、控制容量大、过载能力强、性能稳定、维护方便等特点,同时还具有低电压释放保护功能,是电力拖动和自动控制系统中应用最广泛的电气元件之一。

接触器按其主触头通断的电流种类可分为直流接触器和交流接触器,按主触头的极数又可分为单极、双极、三极、四极和五极等几种。直流接触器一般为单极或双极;交流接触器大多为三极;四极多用于双回路控制,五极一般用于多速电动机控制或自动式自耦减压起动器中。

1. 交流接触器的结构和工作原理

常见接触器的外形如图 1-2-1 所示。

（a）CZ1系列直流接触器　　　（b）CJX2系列交流接触器　　　（c）CJX2-N系列可逆交流接触器

图 1-2-1　常见接触器的外形

电磁式交流接触器由电磁系统、触头系统、灭弧装置和其他部件组成。其结构示意图如图 1-2-2 所示。

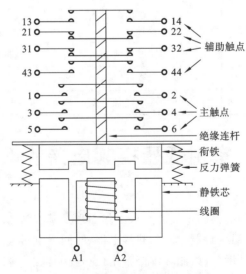

图 1-2-2　电磁式交流接触器结构示意图

（1）电磁系统。

电磁系统由线圈、动铁芯(衔铁)和静铁芯(磁轭)组成,线圈通电产生磁场,在磁场作用下动铁芯向静铁芯移动,与动铁芯连接的动触头支架动作,带动动、静触点闭合。电磁系统的作用是将电磁能转换成机械能,产生电磁吸力带动触点动作。交流电磁系统线圈代号为 A1、A2,直流电磁系统线圈代号为＋、－。图 1-2-3 所示为常用电磁机构的形式。

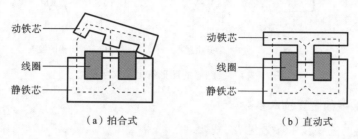

（a）拍合式　　　　　　　（b）直动式

图 1-2-3　常用电磁机构的形式

（2）触头系统。

触头系统包括主触点和辅助触点。主触点用于通断主电路,通常为三对常开触点。交流接触器的三对主触点的代号分别是 1L1、3L2、5L3 和 2T1、4T2、6T3。辅助触点分为常开辅助触点和常闭辅助触点,一般是常开、常闭各一对或两对。辅助触点用于控制电路中,起控制线圈、电气联锁等作用。常开辅助触点(NO)代号为 13 和 14,常闭辅助触点(NC)代号为 21 和22。NO 是英文 normal open 的简称,表示动合(常开),NC 是英文 normal close 的简称,表示动断(常闭)。

（3）灭弧装置。

触头额定工作电流在 10 A 以上的接触器需要安装灭弧装置。小容量的接触器常采用双断口触点灭弧、电动力灭弧、相间弧板隔弧及陶土灭弧罩灭弧。大容量的接触器常采用纵缝灭弧罩灭弧及栅片灭弧。高压接触器多采用真空灭弧。

（4）其他部件。

其他部件包括反力弹簧、缓冲弹簧、触头弹簧、传动机构及外壳、防护罩等。

电磁式交流接触器的工作原理为:接触器线圈通电后线圈中的电流在磁轭中产生磁通和电磁吸力,该电磁吸力克服反力弹簧的反作用力将衔铁吸合,衔铁带动触头支架动作,触头支架带动常闭辅助触点先断开,三对常开主触点和常开辅助触点后闭合;线圈失电或线圈电压降低至电磁吸力小于弹簧反作用力时,衔铁释放,带动触头支架和触点复位。

2. 接触器的型号和电气符号

（1）型号及其含义。接触器的型号及其含义如下:

交流接触器的结构和工作原理

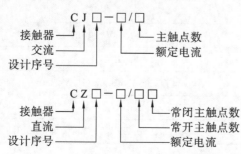

（2）接触器的图形符号及文字符号如图 1-2-4 所示。

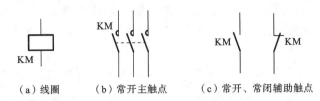

（a）线圈　　　　（b）常开主触点　　　（c）常开、常闭辅助触点

图 1-2-4　接触器的图形符号及文字符号

3. 交流接触器的主要技术参数

交流接触器的主要技术参数见表 1-2-1。

表 1-2-1　交流接触器的主要技术参数

型　　号			GSC1-09	GSC1-12	GSC1-18	GSC1-25	GSC1-32	GSC1-38	GSC1-40	GSC1-50	GSC1-65	GSC1-80	GSC1-95
○电气参数													
额定绝缘电压/V			690										
额定工作电压/V			380/660										
额定工作电流/A	AC-1		25	25	32	40	50	50	60	80	80	125	125
	AC-3	380 V	9	12	18	25	32	38	40	50	65	80	95
		660 V	6.6	8.9	12	18	21	21.5	34	39	42	49	49
	AC-4	380 V	3.5	5	7.7	8.5	12	13.9	18.5	24	28	37	44
		660 V	1.5	2	3.8	4.4	7.5	8	9	12	14	17.3	21.3
控制功率/kW	AC-4	220 V	2.2	3	4	5.5	7.5	9	11	15	18.5	22	25
		380 V	4	5.5	7.5	11	15	18.5	18.5	22	30	37	45
○触点数量			3P+1NO/3P+1NC						3P+1NO+1NC				
○辅助触点													
额定工作电压/V			AC 380　DC 220										
约定发热电流/A			10										
额定工作电流/A	AC-15(360 VA)		0.95										
	DC-13(33 W)		0.15										
可接通最小负载			24 V、10 mA										
○线圈参数													
线圈电压			AC:24 V、36 V、48 V、110 V、220 V、380 V										
吸合电压			$0.85U_s \sim 1.10U_s$（−25 ℃至+60 ℃）										
释放电压			$0.20U_s \sim 0.75U_s$（−25 ℃至+60 ℃）										

（1）额定电压。接触器的额定电压包括主触点的额定电压（交流有 220 V、380 V 和 660 V）和线圈的额定电压（交流有 24 V、36 V、48 V、127 V、220 V、380 V、415 V）。

（2）额定电流。接触器的额定电流指的是主触点的额定工作电流。它是在一定的条件

（额定电压、使用类别和操作频率等）下规定的，目前常用的电流等级为 9～2000 A。

（3）通断能力。通断能力指接触器触点接通和分断的最大电流。最大接通电流指触点接通时不会造成触点熔焊的最大电流值；最大分断电流指触点断开时能可靠灭弧的最大电流。

（4）动作值。动作值指接触器线圈的吸合电压和释放电压。规定接触器的吸合电压大于线圈额定电压的 85% 时应可靠吸合，释放电压要求低于线圈额定电压的 70%。

（5）额定操作频率。接触器的额定操作频率指每小时允许的操作次数，一般为 300 次/h、600 次/h 和 1200 次/h。

（6）寿命。寿命包括电气寿命和机械寿命。目前接触器的机械寿命已达一千万次以上，电气寿命一般为机械寿命的 5%～20%。

4. 接触器的选用原则

（1）根据负载性质选择接触器的结构形式及使用类别。接触器的常见使用类别见表1-2-2。

表 1-2-2 接触器的常见使用类别

类型	使用类别	典型应用场合
交流	AC-1	无感或低感负载、电阻炉
	AC-3	笼型异步电动机的起动运转中分断
	AC-4	笼型异步电动机的频繁起动、反接制动或反向运转、点动
	AC-15	大于 72 VA 的电磁负载的控制
直流	DC-13	电磁铁的控制

（2）主触点的额定工作电流应大于或等于负载电路的电流。

（3）主触点的额定工作电压应大于或等于负载电路的电压。

（4）线圈的额定电压应与控制电路电压一致。

5. 交流接触器的识别与检测方法

（1）阅读图 1-2-5 后，按照表 1-2-3 识别 CJ20-09 型交流接触器。

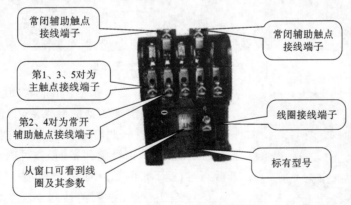

常闭辅助触点接线端子

常闭辅助触点接线端子

第1、3、5对为主触点接线端子

第2、4对为常开辅助触点接线端子

从窗口可看到线圈及其参数

线圈接线端子

标有型号

图 1-2-5 CJ20-09 型交流接触器

（2）交流接触器触点的检测方法。交流接触器触点的检测示例如图 1-2-6 所示，检测方法如下。

① 将指针式万用表拨至"R×100"挡，调零；或将数字万用表拨至电阻挡。

② 用万用表的两表笔接触任意两触点的接线端子，若指针不动，则可能是（动合）常开触

表 1-2-3　CJ20-09 型交流接触器的识别与检测方法

序号	任务内容	操作说明
1	识读交流接触器的型号	交流接触器的型号标注在顶防护罩或顶端盖和铭牌上
2	识别交流接触器线圈的额定电压	交流接触器的中部窗口位置标注有线圈电压(同一型号的交流接触器有多种电压等级的线圈)
3	识别线圈的接线端子	在交流接触器中部,接线端子标号为 A1、A2
4	识别主触点接线端子	在交流接触器的上部,接线端子标号为 1L1、3L2、5L3 和 2T1、4T2、6T3,标注在防护罩上
5	识别常开辅助触点接线端子	在接触器上部主触点两侧,接线端子标号为 13NO、14NO
6	识别常闭辅助触点接线端子	在接触器上部主触点两侧,接线端子标号为 21NC、22NO
7	压下接触器支架,观察触点吸合情况	边压边观察动、静触点接触情况,常闭触点先断开,常开触点后闭合
8	释放接触器支架,观察触点复位情况	常开触点先断开,常闭触点后闭合
9	检测判别三对常开主触点及触点的好坏	常态时,各触点的阻值约为 0,压下接触器支架后,测量阻值为∞,检测方法如图 1-2-6 所示
10	检测判别常开、常闭辅助触点及触点的好坏	常态时,常开触点的阻值为∞,常闭触点的阻值约为 0,压下接触器支架后,常开触点的阻值约为 0,常闭触点的阻值为∞,检测方法如图 1-2-6 所示
11	测量各触点接线端子相间的阻值	压下接触器支架后各对触点测量阻值为∞
12	测量线圈电阻,判别线圈好坏	用万用表电阻挡测量线圈阻值,检测方法如图 1-2-7 所示

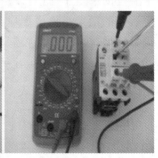

图 1-2-6　交流接触器触点检测示例

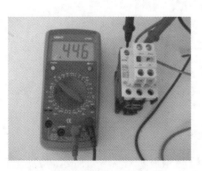

图 1-2-7　交流接触器线圈检测示例

点;若指针指向零,则可能是(动断)常闭触点。

③ 进一步确定接触器的触点对,将两表笔接触任意一对触点的接线柱,此时指针不动,当按下机械按键,模拟接触器通电时,指针随即指向零,可确认这对触点是常开触点对;按下常闭触点对后,指针应由零回到无穷大。

(3)交流接触器线圈的检测方法。交流接触器线圈的检测示例如图 1-2-7 所示,检测方法如下。

① 将指针式万用表拨至"R×100"挡,调零;或将数字万用表拨至 2k 挡。

② 用表笔接触线圈螺钉 A1、A2,测量电磁线圈电阻,若为零,则说明短路;若为无穷大,则说明是开路;若测得的电阻为几百欧左右,则正常。

6. 交流接触器的拆装

以 CJ20-0910 110 V 交流接触器为拆装样品,拆装过程如下。

(1) 按交流接触器装配工艺流程的反方向拆交流接触器,填写表 1-2-4。拆的顺序同表中零部件的序号。

表 1-2-4　交流接触器的拆装零部件明细表

序　　号	零件名称	材　　料	数　　量
1	标签盖板	阻燃尼龙(白色)	1
2	触头防护罩	阻燃尼龙(白色)	2
3	线圈防护罩	阻燃尼龙(白色)	2
4	触头压线螺钉	冷轧钢板(瓦垫)、圆钢(螺钉)	8
5	静触头	冷轧钢板(触板)、银氧化镍(触点)	8
6	自攻螺钉	圆钢	2
7	塔形弹簧	碳素弹簧钢丝	1
8	衔铁	硅钢片	1
9	卡块	增强阻燃尼龙	1
10	触头支架	增强阻燃尼龙	1
11	触头弹簧	碳素弹簧钢丝	4
12	桥形触头	铍青铜	4
13	壳体	增强阻燃尼龙	1
14	底座	增强阻燃尼龙	1
15	线圈	增强阻燃尼龙、漆包线	1
16	磁轭	硅钢片	1
17	卡块	冷轧钢板	1
18	限制件	冷轧钢板	2
19	缓冲件	丁腈橡胶	1
20	安装卡块	增强阻燃尼龙	1
21	卡块弹簧	碳素弹簧钢丝	1

(2) 交流接触器的装配顺序。

① 触头系统装配:触头支架、衔铁卡块与衔铁的装配;装有衔铁的触头支架与桥形触头和触头弹簧的装配;装有触头和衔铁的触头支架与壳体的装配;装有触头支架的壳体与静触头的装配;静触头压线螺钉的装配。

② 电磁系统的装配:先在底座中装缓冲件,在磁轭上装卡块和限制件,并装入底座中,再装线圈;在触头系统的衔铁中柱极面上装塔形弹簧,再将触头系统装到电磁系统上,注意方向。

③ 成品组装:用自攻螺钉组装触头系统和电磁系统,装上触头防护罩、线圈防护罩、安装卡块、标签盖板,完成装配。

④ 检查:上下按动触头支架,检查支架是否动作灵活无卡滞;通电检查接触器线圈是否工

作正常,触点是否正常导通或断开,产品是否无噪声、无异响。

7. 交流接触器常见故障及处理方法

交流接触器常见故障及处理方法见表 1-2-5。

表 1-2-5　交流接触器常见故障及处理方法

故障现象	产生原因	处理方法
接触器不吸合或吸不牢	电源电压过低或波动太大	调高电源电压
	线圈断路	更换线圈
	通入的电压与线圈额定电压不符	更换线圈
	机械卡阻	排除卡阻
线圈断电,接触器不释放或释放缓慢	触点熔焊	排除熔焊故障,修理或更换触头
	铁芯极面有油污,导致黏连	清除极面油污
	触点弹簧压力过小或反力弹簧损坏、疲劳	更换反力弹簧
	衔铁或机械部分被卡住	清除卡阻物
触点熔焊	操作频率过高或过负载使用	更换合适的接触器或减小负载
	负载侧短路	排除短路故障,更换触点
	触头弹簧压力过小	适当调整触头弹簧压力
	触点表面有电弧灼伤或氧化膜	清理触点表面或更换触头
	机械卡阻	清除卡阻物
铁芯噪声过大	电源电压过低	检查线路并调高电源电压
	短路环断裂	更换铁芯
	铁芯机械卡阻	清除卡阻物
	铁芯极面有油污、生锈或磨损不平	清除油污,或更换铁芯
	触头弹簧压力过大	调整触头弹簧压力
线圈过热或烧毁	线圈匝间短路	更换线圈并找出故障原因
	操作频率过高	更换合适的接触器
	线圈参数与实际使用条件不符	更换线圈或接触器
	线圈控制线路有过电压、欠电压或短路电压	检查线路,更换线圈
相间短路	可逆转换的接触器联锁不可靠,由于误动作,致使两台接触器同时投入运行而造成相间短路	检查电器与机械联锁
	有导电异物或水汽油污使绝缘变坏	经常清理或安装防护罩

二、按钮

按钮是一种结构简单、应用广泛的主令电器,在控制回路中用于远距离手动控制各种电磁机构,也可以用来转换各种信号线路与电气联锁线路等。常用按钮的外形如图 1-2-8 所示。

图 1-2-8 常用按钮的外形

1. 按钮的结构和工作原理

（1）按钮的结构。

按钮由按钮帽、复位弹簧、桥式动触头、静触头和外壳等组成,通常做成复合式,即具有常闭触头和常开触头。控制按钮的种类很多,在结构上有揿钮式、紧急式、钥匙式、旋钮式、带灯式和破玻式按钮。按钮的结构示意图如图 1-2-9 所示。

按使用场合、作用不同,通常将按钮帽做成红、绿、黑、黄、蓝、白、灰等颜色。国标 GB/T 5226.1—2019 对按钮帽颜色做了如下规定：

①"停止"和"急停"按钮必须是红色。

②"起动"按钮的颜色为绿色。

③"起动"与"停止"交替动作的按钮必须是黑色、白色或灰色。

④"点动"按钮必须是黑色。

⑤"复位"按钮必须是蓝色(如保护继电器的复位按钮)。

图 1-2-9 按钮的结构示意图

（2）按钮的工作原理。

当按下按钮时,先断开常闭触头,然后接通常开触头。当释放按钮时,在复位弹簧作用下按钮自动复位,常开触头断开,常闭触头闭合。这种按钮,通常称为自复式按钮。也有带自保持机构的按钮,第一次按下后,由机械结构锁定,手放开后不复原,在第二次按下后,锁定机构脱扣,手放开后自动复原,这种通常称为自锁按钮。

2. 按钮的型号和电气符号

（1）型号及其含义。

按钮的型号及其含义如下：

按钮的结构
和工作原理

其中,结构形式代号的含义如下：K 为开启式,S 为防水式,J 为紧急式,X 为旋钮式,H 为保护式,F 为防腐式,Y 为钥匙式,D 为带灯式。

（2）电气符号。

按钮的图形符号及文字符号如图 1-2-10 所示。

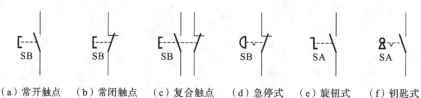

（a）常开触点　（b）常闭触点　（c）复合触点　（d）急停式　（e）旋钮式　（f）钥匙式

图 1-2-10　按钮的图形符号及文字符号

3. 按钮的主要技术参数

LA4 系列按钮的主要技术参数见表 1-2-6。

表 1-2-6　LA4 系列按钮的主要技术参数

额定电压/V	额定电流/A	额定绝缘电压/V	额定发热电流/A	机械寿命
380	2.5	380	5	100 万次以上

4. 按钮的选用原则

（1）根据使用场合和用途选择按钮的种类。安装在操作面板上的按钮一般选用开启式；需要进行工作状态指示时，一般选用带灯式；在防止误操作的重要场所，一般选用钥匙式等。

（2）根据工作状态指示和工作情况要求选择按钮的颜色。急停按钮选用红色蘑菇头按钮；停止/断开按钮选用黑色或白色，优先选用黑色；起动/接通按钮选用绿色；应急/干预按钮选用黄色。

（3）根据控制回路的需要选择按钮的数量。

5. 按钮的识别与检测方法

按钮的识别与检测方法见表 1-2-7。

表 1-2-7　按钮的识别与检测方法

序号	任务内容	操作说明
1	观察按钮的颜色	绿色为起动按钮，红色为停止按钮
2	识别按钮的常闭触点	在按钮侧面的视察窗口观察，支架颜色为红色的为常闭触点；常闭触点的动触点与静触点处于闭合状态
3	识别按钮的常开触点	在按钮侧面的视察窗口观察，支架颜色为绿色的为常开触点；常开触点的动触点与静触点处于断开状态
4	按下按钮，观察触点动作情况	边按边看，常闭触点先断开，常开触点后闭合
5	松开按钮，观察触点动作情况	边松边看，常开触点先复位，常闭触点后复位
6	检测判别常闭触点的好坏	将万用表置于电阻挡，将两支表笔分别搭接在常闭触点两端。常态时，测得阻值为 0；按下按钮后测得阻值为 ∞
7	检测判别常开触点的好坏	将万用表置于电阻挡，将两支表笔分别搭接在常开触点两端。常态时，测得阻值为 ∞；按下按钮后测得阻值为 0

6. 按钮的常见故障及处理方法

按钮的常见故障及处理方法见表 1-2-8。

表 1-2-8　按钮的常见故障及处理方法

故障现象	产生原因	处理方法
按下按钮时有触电感觉	按钮的防护金属外壳与连接导线接触	检查按钮内的连接导线
	按钮帽的缝隙间有铁屑,其与导电部分形成通路	清理按钮及触点
按下起动按钮,电路不能接通,控制失灵	接线头脱落	检查起动按钮连接线
	触点磨损松动,接触不良	检修触点或更换按钮
	动触点弹簧失效,使触点接触不良	更换弹簧或更换按钮
按下停止按钮电路不能断开	接线错误	更改接线
	杂物使按钮形成短路	清洁按钮或采取密封措施
	绝缘击穿短路	调换按钮

三、热继电器

　　电动机在运行过程中长期负载过大,或起动操作频繁,以及缺相运行等,使电动机定子绕组中的电流过大,超过了其额定值,称之为过载。电动机过载时,定子绕组因大电流而发热,温度超过电动机允许的温升会使电动机绝缘老化,进而缩短电动机的使用寿命,严重时会烧毁电动机绕组。因此,电动机在连续长期工作时需要进行过载保护。热继电器是利用电流的热效应原理来工作的保护电器,它在电路中用作三相异步电动机的过载保护。图 1-2-11 所示为热继电器的外形。

图 1-2-11　热继电器的外形

1. 热继电器的结构和工作原理

　　热继电器具有负载的过载保护和断相保护功能,其过载保护具有反时限特性,即过载电流大,动作时间短;过载电流小,动作时间长。电动机的工作电流为额定电流时,热继电器应长期不动作,其保护特性见表 1-2-9。

表 1-2-9　热继电器的保护特性

序　号	整定电流倍数	动作时间	试验条件
1	1.05	>2 h	冷态
2	1.2	<2 h	热态
3	1.6	<2 min	热态
4	6	>5 s	冷态

（1）热继电器的结构。

热继电器主要由主双金属片、热元件、导板、补偿双金属片、螺钉、推杆、静触头、动触头、复位按钮、调节旋钮、复位弹簧和接线端子等组成。双金属片是热继电器的感测元件，由两种膨胀系数不同的金属片经机械碾压而成，分为主动层和被动层。主动层材料采用膨胀系数较大的铁镍铬合金，被动层材料采用膨胀系数很小的铁镍合金。双金属片式热继电器的结构如图1-2-12所示。

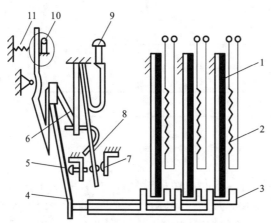

热继电器的结构
和工作原理

图1-2-12　双金属片式热继电器的结构示意图

1—主双金属片；2—热元件电阻丝；3—导板；4—补偿双金属片；5—螺钉；

6—推杆；7—静触头；8—动触头；9—复位按钮；10—调节凸轮；11—弹簧

（2）热继电器的工作原理。

由双金属片组成的热元件串联在电动机定子绕组中，当电动机过载时，流过热元件的电流增大，双金属片在受热后将向膨胀系数较小的被动层一侧弯曲，从而推动导板使得热继电器触点动作，切断电动机的控制线路。

2. 热继电器的型号和电气符号

（1）型号及其含义。

热继电器的型号及其含义如下：

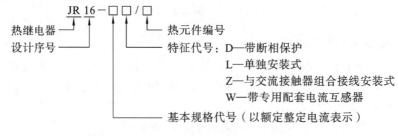

（2）电气符号。

热继电器的图形符号及文字符号如图1-2-13所示。

3. 热继电器的主要技术参数

热继电器的主要技术参数包括额定电流、额定电压、整定电流调节范围、相数及热元件编号等。

① 热继电器的额定电流是指允许装入的热元件的

（a）热继电器的热元件　（b）常闭触点

**图1-2-13　热继电器的图形
符号及文字符号**

最大额定电流值。

② 热元件额定电流是指热元件的最大整定电流值。

③ 热继电器的额定电压是指热继电器正常工作允许接的电源电压。

④ 热继电器的整定电流是指热元件能够长期通过而不致引起热继电器动作的最大电流值。热元件对应的整定电流可通过电流调节旋钮在一定范围内调节。

常用的热继电器有 JRS1、JRS4、JR20 等系列,具有断相保护、温度补偿、手动脱扣、手动复位、整定电流可调、动作后指示等功能。热继电器可以用独立安装座独立安装,也可以与 CJX4、CJ20 接触器组合安装。

JRS4-d 系列热继电器的主要技术参数见表 1-2-10。

表 1-2-10 JRS4-d 系列热继电器的主要技术参数

型　　号	整定电流调节范围/A	控制功率(AC-3)/kW					可插接的接触器
		220 V	380 V	415 V	440 V	660 V	
JRS4-09307d	1.6～2.5	0.37	0.55	1.1	0.75	1.5	CJX4-09/12/18/25
JRS4-09308d	2.5～4	0.55	1.1	1.5	1.5	2.2	CJX4-09/12/18/25
JRS4-09310d	4～6	1.1	2.2	2.2	2.2	4	GSC1-09/12/18/25
JRS4-12316d	9～13	3	5.5	5.5	5.5	10	GSC1-09/12/18/25
JRS4-18321d	12～18	4	7.5	9	9	15	GSC1-12/18/25
JRS4-25322d	17～25	5.5	11	11	11	18.5	GSC1-12/18/25
JRS4-32352d	23～32	7.5	15	15	15	22	GSC1-32/38
JRS4-40353d	23～32	7.5	15	15	15	22	GSC1-40/50/65/80/95
JRS4-403535d	32～40	10	18.5	22	22	30	GSC1-40/50/65/80/95
JRS4-50357d	37～50	11	22	25	25	37	GSC1-40/50/65/80/95

4. 热继电器的选择

热继电器主要用于电动机的过载保护,使用中应考虑电动机的工作环境、起动情况、负载性质等因素,具体应按以下几个方面来选择。

(1) 热继电器结构形式的选择:Y 形接法的电动机可选用两相或三相结构热继电器;△形接法的电动机应选用带断相保护装置的三相结构热继电器。

(2) 根据被保护电动机的实际起动时间选取 6 倍额定电流下具有相应可返回时间的热继电器。一般热继电器的可返回时间大约为 6 倍额定电流下动作时间的 $50\%\sim70\%$。

(3) 热元件额定电流一般按下式确定:

$$I_N = (0.95\sim1.05)I_{MN}$$

式中:I_N——热元件额定电流;I_{MN}——电动机的电流。

对于频繁启停的电动机,热元件额定电流按下式确定:

$$I_N = (1.15\sim1.5)I_{MN}$$

选定热元件后,再用电动机的电流来调整整定值。

(4) 对于重复短时工作的电动机(比如起重机电动机),由于电动机频繁起动,短时工作,不断重复升温,热继电器热元件的升温变化都有一定的时限,跟不上电动机绕组的升温变化,因此不宜选用双金属片式热继电器,而选用过流继电器或能反映绕组实际温升的温度继电器来进行保护。

5. 热继电器的识别与检测方法

阅读图 1-2-14 后,按照表 1-2-11 对 JRS4-25d 型热继电器进行识别与检测。

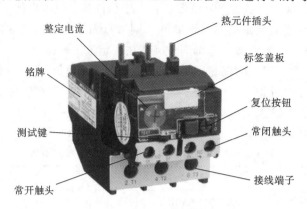

图 1-2-14 JRS4-25d 型热继电器

表 1-2-11 JRS4-25d 型热继电器的识别与检测方法

序号	任 务 内 容	操 作 说 明
1	识读型号	型号位于顶部或铭牌上
2	识读铭牌	铭牌在产品侧面,标有型号、技术参数
3	识别整定电流调节旋钮	调节旋钮旁边标有整定电流
4	识别复位按钮	位于热继电器上部,标有"REST/STOP"
5	识别测试键	位于热继电器上部,标有"TEST"
6	识别热元件接线端子	热元件接线端子编号为 1L1 3L2 5L3、2T1 4T2 6T3
7	识别常开触点接线端子	常开触点接线端子旁边有标号"NO 97、98"
8	识别常闭触点接线端子	常闭触点接线端子旁边有标号"NC 95、96"
9	检测常开、常闭触点的好坏	常态时用万用表测量阻值,常开阻值为∞,常闭阻值约为 0
		按下动作测试键后,常开阻值约为 0
		压下接触器支架后测量各触点阻值,常开阻值为 0,常闭阻值为∞

6. 热继电器常见故障及排除方法

热继电器常见故障及排除方法见表 1-2-12。

表 1-2-12 热继电器常见故障及排除方法

故 障 现 象	产 生 原 因	排 除 方 法
热继电器误动作或动作过快	整定电流偏小	调大整定电流
	操作频率过高	更换热继电器或限定操作频率
	连接导线太细	选用标准导线
热继电器不动作	整定电流偏大	调小整定电流
	热元件烧断或脱焊	更换热元件或热继电器
	导板脱出	重新放置导板并试验动作灵活性

续表

故障现象	产生原因	排除方法
热元件烧断	负载侧电流过大	排除故障,更换热继电器
	操作频率过高	限定操作频率或更换合适的热继电器
主电路不通	热元件烧毁	更换热元件或热继电器
	接线螺钉未压紧	拧紧接线螺钉
控制电路不通	热继电器动断触点接触不良或弹性消失	检查动断触点
	手动复位的热继电器动作后,未手动复位	手动复位

四、时间继电器

1. 继电器的分类

继电器是一种根据特定形式的输入信号而动作的自动控制电器。通常继电器的触点容量较小,接在控制电路中,主要用于反映控制信号,是电气控制系统中的信号检测元件;而接触器触点容量较大,直接用于接通或断开主电路,是电气控制系统中的执行元件。

继电器按输入量的物理性质分为电压继电器、电流继电器、功率继电器、时间继电器、温度继电器、速度继电器等;按动作原理分为电磁式继电器、感应式继电器、电动式继电器、热继电器、电子式继电器等;按动作时间分为快速继电器、延时继电器、一般继电器;按执行环节作用原理分为有触点继电器、无触点继电器。

常用的电磁式继电器有电流继电器、电压继电器、中间继电器和时间继电器。中间继电器实际上也是一种电压继电器,只是它具有数量较多、容量较大的触点,起到中间放大(触点数量及容量)作用。电磁式继电器的结构与接触器的类似,主要由铁芯、衔铁、线圈、释放弹簧和触点等部分组成。电磁式继电器种类很多,下面仅介绍几种较典型的电磁式继电器。

(1)电流/电压继电器。

电流继电器与电压继电器在结构上的区别主要是线圈不同。电流继电器的线圈与负载串联以反映负载电流,故它的线圈匝数少而导线粗,这样通过电流时的压降很小,不会影响负载电路的电流,而导线粗电流大仍可获得需要的磁势。电压继电器的线圈与负载并联以反映负载电压,其线圈匝数多而导线细。图1-2-15所示为几种常用电磁式继电器的外形。

(a)电流继电器　　　　　　(b)电压继电器　　　　　　(c)中间继电器

图1-2-15　几种常用电磁式继电器的外形

电流继电器的线圈串联在被测电路中,线圈阻抗小。

过电流继电器是线圈电流高于整定值时动作的继电器。当电路正常工作时,衔铁是释放的;当电路发生过载或短路故障时,衔铁立即吸合,实现保护。

欠电流继电器是线圈电流低于整定值时动作的继电器。当电路正常工作时,衔铁是吸合的;当电路发生电流过低现象时,衔铁立即释放,实现保护。

电压继电器的线圈并联在被测电路中,线圈阻抗大。

过电压继电器是线圈电压高于整定值时动作的继电器。当电路正常工作时,衔铁是释放的;当电路发生过电压故障时,衔铁立即吸合,实现保护。

欠(零)电压继电器是线圈电压低于整定值时动作的继电器。当电路正常工作时,衔铁是吸合的;当电路发生电压过低现象时,衔铁立即释放,实现保护。

电流继电器和电压继电器的电气符号如图 1-2-16 和图 1-2-17 所示。

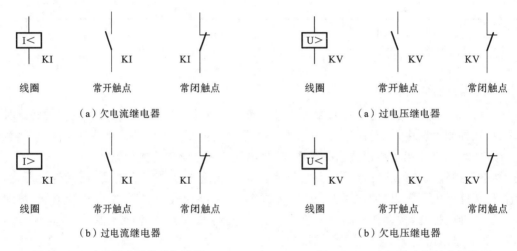

图 1-2-16　电流继电器的电气符号　　　　图 1-2-17　电压继电器的电气符号

图 1-2-18　中间继电器的电气符号

（2）中间继电器。

中间继电器在结构上是一个电压继电器,是用来转换控制信号的中间元件。它输入的是线圈的通电/断电信号,输出信号为触点的动作。其触点数量较多,各触点的额定电流相同。中间继电器通常用来放大信号,增加控制电路中控制信号的数量,以及用于信号传递、联锁、转换及隔离。中间继电器的电气符号如图 1-2-18 所示。

（3）时间继电器。

凡是在敏感元件获得信号后,执行元件要延迟一段时间才动作的继电器称为时间继电器。这里的延时区别于一般电磁式继电器从线圈得到电信号至触点闭合的固有动作时间。时间继电器一般有通电延时型和断电延时型两种。时间继电器的种类很多,常用的有电磁阻尼式、空气阻尼式、电动式,新型的有电子式、数字式等。

通电延时时间继电器的工作原理　　断电延时时间继电器的工作原理

① 空气阻尼式时间继电器。空气阻尼式时间继电器是利用空气阻尼原理获得延时的,其主要由电磁系统、延时机构和触点三部分组成。空气延时头仅由延时机构和触点两部分组成,通常挂接在接触器或继电器的电磁机构上组合使用。空气延时头有通电延时型和断电延时型两种。空气延时头及组合式的时间继电

器外形如图 1-2-19 所示。

②电子式时间继电器。电子式时间继电器由晶体管或集成电路与电子元件等构成,目前已有采用单片机控制的时间继电器。电子式时间继电器具有延时范围广、精度高、体积小、耐冲击和耐振动、调节方便及寿命长等优点,所以发展很快,应用广泛。电子式时间继电器外形如图 1-2-20 所示。

图 1-2-19　SK 系列空气延时头及组合式时间继电器外形　　图 1-2-20　电子式时间继电器外形

2. 时间继电器的型号和电气符号

（1）型号及其含义。

时间继电器的型号及其含义如下：

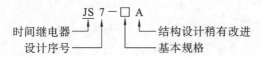

JS 7 - □ A

时间继电器 —— 设计序号 —— 结构设计稍有改进 —— 基本规格

（2）电气符号。

时间继电器的电气符号如图 1-2-21 所示。

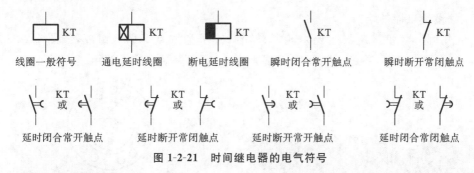

线圈一般符号　通电延时线圈　断电延时线圈　瞬时闭合常开触点　瞬时断开常闭触点

延时闭合常开触点　延时断开常闭触点　延时断开常开触点　延时闭合常闭触点

图 1-2-21　时间继电器的电气符号

3. 时间继电器的选择

时间继电器形式多样,各具特点,选择时应从以下几方面考虑:

（1）根据控制电路对延时触点的要求选择延时方式,即通电延时型或断电延时型。

（2）根据延时范围和精度要求选择继电器类型。

（3）根据使用场合、工作环境选择时间继电器的类型。如:电源电压波动大的场合可选空气阻尼式或电动式时间继电器;电源频率不稳定的场合不宜选用电动式时间继电器;环境温度变化大的场合不宜选用空气阻尼式和电子式时间继电器。

4. 时间继电器的识别与检测方法

JS7 系列时间继电器的识别与检测方法见表 1-2-13。

表 1-2-13　JS7 系列时间继电器的识别与检测方法

序号	任务内容	操作说明
1	识读型号	型号位于产品顶部或铭牌上
2	识读铭牌	铭牌在产品侧面,标有型号、技术参数
3	识别整定时间调节旋钮	调节旋钮旁边标注有整定时间
4	识别延时常闭触点的接线端子	位于气囊上方两侧,旁边标有符号
5	识别延时常开触点的接线端子	位于气囊上方两侧,旁边标有符号
6	识别瞬时常闭触点的接线端子	位于气囊上方两侧,旁边标有符号
7	识别瞬时常开触点的接线端子	位于气囊上方两侧,旁边标有符号
8	识别线圈的接线端子	位于线圈两侧
9	识读线圈参数	标注在线圈侧面
10	检测常开、常闭触点接线端子的好坏	将万用表置于电阻挡,两支表笔分别搭接在触点接线端子两边,常态时常开阻值为∞,常闭阻值为 0
11	检测线圈的阻值	将万用表置于电阻挡,两支表笔分别搭接在触点接线端子两边,检测线圈阻值

五、速度继电器

速度继电器是用来反映转速与转向变化的继电器,它可以按照被控电动机转速的大小使控制电路接通或断开。速度继电器通常与接触器配合,实现对电动机的反接制动。速度继电器实物如图 1-2-22 所示。

1. 速度继电器的结构和工作原理

(1)速度继电器的结构。

从结构上看,速度继电器主要由转子、转轴、定子和触点等部分组成,如图 1-2-23 所示。转子是一个圆柱形永久磁铁,定子是一个笼形空心圆环,并装有笼形绕组。

图 1-2-22　速度继电器实物

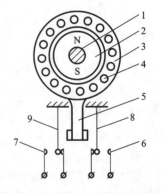

图 1-2-23　速度继电器结构示意图
1—转轴;2—转子;3—定子;4—绕组;
5—摆杆;6、7—静触点;8、9—簧片

(2)速度继电器的工作原理。

速度继电器的转轴和电动机的轴通过联轴器相连,当电动机转动时,速度继电器的转子随之转动,定子内的绕组便切割磁力线,产生感应电流,此电流与转子磁场作用产生转矩,使定子跟随转子开始转动。当电动机转速达到某一值时,产生的转矩能使定子转到一定角度进而使摆杆推动常闭触点动作;当电动机转速低于某一值或停转时,定子产生的转矩会减小或消失,触点在弹簧的作用下复位。

速度继电器的结构和工作原理

速度继电器有两组触点(每组各有一对常开触点和常闭触点),可分别控制电动机正、反转的反接制动。通常,当速度继电器转轴的转速达到 120 r/min 时,触点即动作;当转速低于 100 r/min 时,触点即复位。

2. 速度继电器的型号和电气符号

(1) 型号及其含义。

速度继电器的型号及其含义如下:

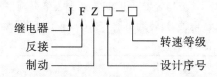

(2) 电气符号。

速度继电器的图形符号及文字符号如图 1-2-24 所示。

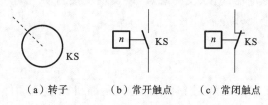

（a）转子　　　（b）常开触点　　　（c）常闭触点

图 1-2-24　速度继电器的图形符号及文字符号

3. 速度继电器的选用

速度继电器主要根据所需控制的转速大小、触点数量以及电压、电流来选用。常用速度继电器的主要技术参数见表 1-2-14。

表 1-2-14　常用速度继电器的主要技术参数

型号	触点额定电压/V	触点额定电流/A	额定工作转速/(r/min)	触点数量	
				正转时动作	反转时动作
JY1	380	2	100～3000	1常开,1常闭	1常开,1常闭

4. 速度继电器的识别与检测方法

JY1 系列速度继电器的识别与检测方法见表 1-2-15。

表 1-2-15　JY1 系列速度继电器的识别与检测方法

序号	任务内容	操作说明
1	识读型号	型号标注于产品的铭牌上
2	识读铭牌	铭牌在产品侧面,标有型号、技术参数
3	识别设定值调节螺钉	打开端盖,识别调节螺钉(穿有弹簧)

续表

序号	任务内容	操作说明
4	识别常开触点、常闭触点的接线端	打开端盖,调节螺钉旁的接线端分别为正、反转公共接线端,四对触点分别为正转常开触点、正转常闭触点、反转常开触点和反转常闭触点
5	观察触点动作	正向旋转速度继电器,只有一组触点动作;反向旋转速度继电器,另一组触点动作
6	识读线圈参数	线圈参数标注在铭牌上
7	检测常闭触点接线端的好坏	将万用表置于电阻挡,两支表笔分别搭接在触点接线端两端,旋转速度继电器,当转速小于 150 r/min 时,阻值为 0;当转速大于 150 r/min 时,阻值为∞
8	检测常开触点接线端的好坏	将万用表置于电阻挡,两支表笔分别搭接在触点接线端两端,旋转速度继电器,当转速小于 150 r/min 时,阻值为∞;当转速大于 150 r/min 时,阻值为 0

5. 速度继电器的安装与使用

(1)速度继电器的转轴应与电动机的转轴同心。

(2)正确连接速度继电器的正、反向触点,以实现反接制动。

(3)速度继电器的金属外壳需可靠接地。

六、行程开关

行程开关的结构和工作原理与按钮的相同,只是靠机械运动部件的碰撞来使其常开触点闭合、常闭触点断开,从而对控制电路发出接通、断开的转换命令。行程开关主要用于控制生产机械的运动方向、行程长短及限位保护,又称为限位开关或位置开关。

1. 行程开关的分类和结构

行程开关按结构可分为直动式、滚轮式、微动式和组合式。行程开关的外形如图 1-2-25 所示。

图 1-2-25　行程开关的外形

(1)直动式行程开关。

直动式行程开关的外形和结构如图 1-2-26 所示。其工作原理与按钮的相同,只是它用运动部件上的挡铁碰压行程开关的推杆。这种开关使用在碰块移动的速度大于 0.4 m/min 的场合。

(2)滚轮式行程开关。

滚轮式(也称滑轮式)行程开关的外形和结构如图 1-2-27 所示。它是一种能瞬时动作的滚轮旋转式行程开关,可以克服直动式行程开关的缺点。

直动式行程开关

滚轮式行程开关

（3）微动式行程开关。

微动式行程开关是瞬时动作开关，其特点是操作力小、操作行程短。微动式行程开关的外形和结构如图 1-2-28 所示，当推杆被压下时，弓簧片变形存储能量，当推杆被压下一定距离时，弓簧片瞬时动作，使触点快速切换，当外力消失时，推杆在弓簧片的作用下迅速复位，触点也复位。

微动式行程开关的工作原理

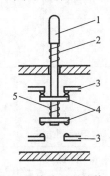
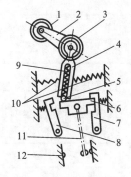

图 1-2-26　直动式行程开关的外形和结构

1—推杆；2—复位弹簧；3—静触头；
4—动触头；5—触头弹簧

图 1-2-27　滚轮式行程开关的外形和结构

1—滚轮；2—上转臂；3—盘形弹簧；4—推杆；5—小滚轮；
6—擒纵件；7、8—压板；9、10—弹簧；11—动触头；12—静触头

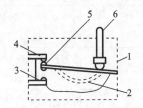

图 1-2-28　微动式行程开关的外形和结构

1—壳体；2—弓簧片；3—常开触点；4—常闭触点；5—动触点；6—推杆

2. 行程开关的型号和电气符号

（1）型号及其含义。

行程开关的型号及其含义如下：

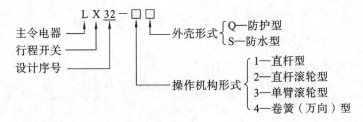

（2）电气符号。

行程开关的图形符号及文字符号如图 1-2-29 所示。

3. 行程开关的主要技术参数

行程开关的主要技术参数有额定电压、额定电流、触点数量、动作行程、触点转换时间、动作力等，见表1-2-16。

图 1-2-29　行程开关的图形符号及文字符号

表 1-2-16　LX 系列行程开关的主要技术参数

| 型号 | 触点数量 | | 额定电压/A | | 额定电流/A | 触点转换时间/s | 动作力/N | 动作行程/mm（或角度） |
	常开	常闭	交流	直流				
LX19-001	1	1	380	220	5	≤0.4	≤9.8	1.5～3.5
							≤7	≤30°
LX19-111	1	1	380	220	5	≤0.4	≤20	≤30°
LX19-222								≤60°

4. 行程开关的识别与检测方法

LX19 系列行程开关的识别与检测方法见表 1-2-17。

表 1-2-17　LX19 系列行程开关的识别与检测方法

序号	任务内容	操作说明
1	识读型号	型号位于产品面板盖上
2	识别常闭触点	打开面板盖,常闭触点的桥形动触头和静触头处于闭合状态
3	识别常开触点	打开面板盖,常开触点的桥形动触头和静触头处于断开状态
4	观察触点动作	压下行程开关,边压边观察,常闭触点先断开,常开触点后闭合;松开行程开关,边松边观察,常开触点先复位,常闭触点后复位
5	检测常闭触点的好坏	将万用表置于电阻挡,两支表笔分别搭接在触点接线端两端,常态时,常闭触点的阻值约为0,压下行程开关后测得阻值为∞
6	检测常开触点的好坏	将万用表置于电阻挡,两支表笔分别搭接在触点接线端两端,常态时,常开触点的阻值为∞,压下行程开关后测得阻值约为0

5. 行程开关的安装与使用

（1）准确、牢固安装行程开关,保证滚轮的方向正确。

（2）为防止挡铁经常碰撞导致行程开关的安装螺钉松动而造成位移,应经常检查安装螺钉。

（3）行程开关在不工作时应当处于不受外力的释放状态。

6. 行程开关常见故障及排除方法

行程开关常见故障及排除方法见表 1-2-18。

表 1-2-18　行程开关常见故障及排除方法

故障现象	产生原因	排除方法
挡铁碰撞行程开关后,触点不动作	安装位置不准确	调整安装位置
	触点接触不良或接线松脱	清理触点或紧固接线
	触头弹簧失效	更换弹簧
杠杆已偏转,或无外力作用,但触点不复位	复位弹簧失效	更换弹簧
	内部碰撞卡阻	清扫内部杂物
	调节螺钉太长,顶住开关按钮	检查调节螺钉

项目 2 三相异步电动机直接起动控制电路的安装与调试

【工作任务】

(1) 三相异步电动机点动控制电路的安装与调试。

(2) 三相异步电动机连续运行控制电路的安装与调试。

(3) 三相异步电动机点动与连续运行控制电路的安装与调试。

(4) 三相异步电动机顺序控制电路的安装与调试。

【知识目标】

(1) 掌握低压电器的定义、分类。

(2) 熟记低压电器的电气符号。

(3) 了解常用低压电器的作用、分类、型号含义及技术参数。

(4) 能够正确分析三相异步电动机基本控制电路的工作原理。

【能力目标】

(1) 会识别常用低压电器。

(2) 会合理选用常用低压电器的类型和参数。

(3) 会用仪表和工具拆装和维修常用低压电器,排除常见故障。

(4) 会识读基本控制电路图、布置图和接线图,并能分析电路的工作原理。

(5) 会按照板前布线工艺要求,根据电路图正确安装与调试基本控制电路。

(6) 能检查并排除三相异步电动机基本控制电路的故障。

【素养目标】

(1) 遵循标准,规范操作。

(2) 工作细致,态度认真。

(3) 团队协作,有创新精神。

任务 2.1 点动控制电路的安装与调试

【任务目标】

(1) 会识读点动控制电路图、布置图和接线图,能分析电路的工作原理。

(2) 会按照板前布线工艺要求,根据线路图正确安装与调试点动控制电路。

(3) 能够用仪表、工具检测点动控制电路安装的正确性和可靠性。

(4) 能够用仪表、工具检测点动控制电路并分析和排除故障。

【任务描述】

本任务是安装与调试三相异步电动机点动控制电路。要求电路实现电动机点动运行控制功能,即按下起动按钮,电动机运行;松开起动按钮,电动机停止。点动控制多用于机床刀架、横梁、立柱等的快速移动和机床对刀等场合。

【相关知识】

一、三相笼型异步电动机

1. 三相笼型异步电动机的结构

三相笼型异步电动机由定子和转子两个基本部分组成。定子主要由机座中的定子铁芯和定子绕组组成。转子主要由转子铁芯和转子绕组组成。三相笼型异步电动机的结构如图 2-1-1 所示。

三相异步电动机的结构

笼型转子

绕线式转子

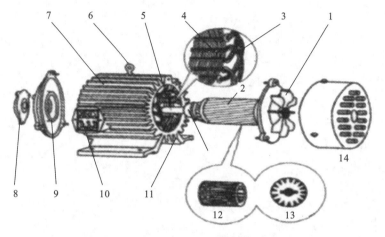

图 2-1-1　三相笼型异步电动机的结构

1—风扇；2—转子；3—定子绕组；4—定子铁芯；5—转轴；6—吊环；7—散热筋；
8—轴承盖；9—端盖；10—接线盒；11—机座；12—笼型绕组；13—转子铁芯

2. 三相笼型异步电动机的工作原理

向三相定子绕组中通入三相对称电流后，在气隙中将产生旋转磁场，该磁场切割转子导体，在转子绕组中产生感应电流，有感应电流的转子在旋转磁场的作用下产生转矩，使转子旋转。

3. 三相异步电动机的外形及符号

三相异步电动机的外形及符号如图 2-1-2 所示。

4. 识读电动机的铭牌

铭牌在三相异步电动机的机座上，标有电动机的型号和主要技术参数。某三相异步电动机的铭牌如图 2-1-3 所示。

三相旋转磁场

（a）外形

（b）符号

图 2-1-2　三相异步电动机的外形与符号

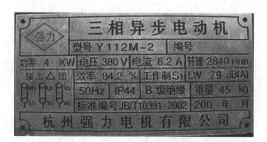

图 2-1-3　某三相异步电动机的铭牌

（1）型号。

电动机的产品型号一般由大写印刷体的汉语拼音字母和阿拉伯数字组成，示例如下：

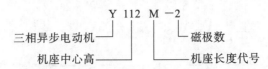

（2）技术参数。

如图 2-1-3 所示，该电动机的额定功率为 4 kW，额定电压为 380 V，额定工作时的接法为△形接法，额定电流为 8.2 A，额定频率为 50 Hz，额定转速为 2840 r/min，效率为 84.2%，工作制为 S_1 连续工作制，绝缘等级为 B 级，防护等级为 IP44。

① 额定功率 P_N：指电动机在额定运行状态时，轴上输出的机械功率，kW。

② 额定电压 U_N 和接法：额定电压指电动机在额定运行状态时，定子绕组上应加的线电压，V。

③ 额定电流 I_N：指电动机在额定电压下运行，输出功率达到额定值，流入定子绕组的线电流，A。

④ 额定频率 f_N：指加在电动机定子绕组上的允许频率，Hz。

⑤ 额定转速 n_N：指电动机在额定电压、额定频率和额定输出的情况下的转速，r/min。

⑥ 噪声量：该指标随电动机容量及转速的不同而不同（容量及转速相同的电动机，噪声量指标又分"1"和"2"两段）。

⑦ 振动量：表示电动机振动的情况。

⑧ 定额：按电动机在额定运行时的持续时间，定额分为连续（S_1）、短时（S_2）及断续（S_3）三种。

⑨ 绝缘等级：指电动机内部所有绝缘材料允许的最高温度等级，它决定了电动机工作时允许的温升。

⑩ 防护等级：提示电动机防止杂物与水进入的能力。它由外壳防护标志字母 IP 加上 2 位具有特定含义的数字代码表示。

5. 识读定子绕组的接线端子

拆下接线盒盖，可以看到如图 2-1-4 所示的三相对称定子绕组的接线端子，编号分别为 U1-U2、V1-V2、W1-W2。根据铭牌要求，应将定子绕组连接成△形接法，即如图 2-1-5（a）所示，图（b）为 Y 形接法。

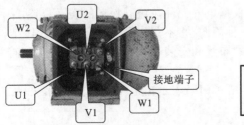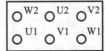

（a）定子绕组的接线端子　　　　　（b）定子绕组的接线端子示意图

图 2-1-4　定子绕组的接线端子

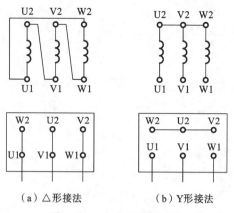

（a）△形接法 （b）Y形接法

图 2-1-5 定子绕组的接法

二、电气控制系统及电气制图

电气控制系统是将若干电气元件按照机电设备的某种控制要求用导线连接而形成的。电气控制系统图是将电气控制系统中的各电气元件及其相互关系用统一的国家标准规定的标准符号，按照标准规定的方法表示出来而得到的。

电气制图应根据国家标准，采用规定的图形符号、文字符号和规范的画法绘制，以便于表达机电设备电气控制系统的组成、原理及对控制系统进行设计、分析研究、安装调试、使用维护和技术交流。

（一）电气控制系统图的分类

电气控制系统图包括电气原理图、电气安装接线图、电气元件布置图。

1. 电气原理图

电气原理图简称电路图，是根据机电设备运行形式对电气控制系统的要求，采用国家标准规定的电气图形符号和文字符号，按照电气设备的工作顺序，表达系统控制原理、参数、功能及逻辑关系的一种简图。

2. 电气安装接线图

电气安装接线图简称接线图，是根据电气设备和电气元件的实际安装位置和安装情况绘制的，用来表示电气设备和电气元件的位置、配线方式和接线方式的图，主要用于表达各电气元件在设备中的具体位置、分布情况以及连接导线的走向。

3. 电气元件布置图

电气元件布置图简称布置图，是根据电气元件在控制板上的实际位置，采用简化的外形符号（如正方形、矩形、圆形）而绘制的一种简图，它不代表各电气元件的具体结构、作用、接线情况以及工作原理，主要用于电气元件的布置和安装，图中各电气元件的文字符号必须与控制电路图和电气安装接线图的标注一致。

通常，布置图与接线图组合使用，既可清晰表示出电气元件的实际安装位置，又能指导安装接线。

（二）电气控制系统图的识读方法

1. 结合电工基础理论知识识图

通过电工基础中低压电器的电气符号、电动机工作原理、电动机起动停止控制电路原理及基本工厂供配电、电力拖动、照明等电工基础理论知识来识读电气控制系统图。

2. 看设计文件识图

设计文件包括图样目录、技术说明、元件明细表、图样、施工说明、使用说明书，识图时先看设计文件，了解设计内容和施工要求。

3. 结合电器的结构和工作原理看图

了解系统电路中各种电气元件，如接触器、断路器等的结构、工作原理、功能及其在电路中的作用等。

4. 结合典型电路看图

典型电路就是常见的基本电路，如电动机的起动和正反转控制电路、继电保护电路、互锁电路、自锁电路、时间和行程控制电路等，复杂的电路均由基本的典型电路组成。

5. 读图顺序

先分清主电路和控制电路，然后按先看主电路、再看控制电路的顺序读图。识读主电路的顺序为从上到下，从电源到元件再到负载，理解元件的作用；识读控制电路的顺序为从上到下，从左向右，从电源开始按顺序看各条回路，分析各条回路元器件的工作情况及其对主电路的作用，以及各元器件之间的联系（如顺序、互锁等）及控制关系。

（三）安装接线图的识读

识读安装接线图是进行实际接线的基础，在安装接线前要识读安装接线图。结合电气原理图以便更好地识读安装接线图。安装接线图中电气元件是按电路实际接线绘制的，以便于安装接线和线路的检查维修。电动机点动控制电路安装接线图如图 2-1-6 所示，识读方法如下。

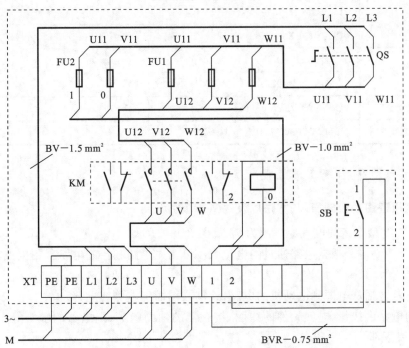

图 2-1-6　电动机点动控制电路安装接线图

（1）识别电路图中主电路和控制电路的所有元件及动作原理和相互关系。接线图的内容有电气元件的文字符号、端子号、导线号、导线类型和导线截面积等。

（2）识别电路图和接线图中元件的对应关系。接线图中元器件按实际结构，使用与电路图相同的图形符号绘制，并用虚线框上，其文字符号以及接线端子的编号都与电路图中的标注一致，便于操作者对照、接线和维修。

（3）识别图中导线的根数和规格。接线图中的导线有单根导线和导线组，导线走线相同的采用合并的方式，用导线组线束即粗实线表示，到达接线端子 XT 或元器件时再分别画出。

（4）根据线号分析控制电路的线路走向。主电路在电源开关 QS 的出线端按相序依次编号为 U11、V11、W11（或 L11、L21、L31），然后按从上到下、从左到右的顺序递增；控制电路的编号按"等电位"原则以从上到下、从左到右的顺序依次从 1 开始递增编号。

表 2-1-1 所示为点动控制电路安装接线图的识读过程。

表 2-1-1　点动控制电路安装接线图的识读过程

识读任务	识读结果	备　注
读元件位置	QS、FU1、FU2、KM、XT、SB	控制板上元件
	电动机 M	控制板上外围元件
读控制电路走线	0 号线：FU2→KM 线圈	安装时使用 BV-1.0 mm² 导线
	1 号线：FU2→XT	
	2 号线：SB→KM 线圈	
读主电路走线	U11、V11、W11：QS→FU1	集束布线，安装时使用 BV-1.5 mm² 导线
	U11、V11、W11：QS→FU2	
	U12、V12、W12：FU1→KM 主触点	
	U、V、W：KM 主触点→XT	
	PE：XT→XT	使用 BV-1.5 mm² 双色线
读按钮走线	1 号线：SB→XT	集束布线，安装时使用 BVR-0.75 mm² 导线
	2 号线：SB→XT	
读电动机走线	U、V、W、PE：XT→M	
读电源走线	U11、V11、W11、PE：电源→XT	

（四）电气控制系统图的绘制

1. 电气原理图的绘制原则、方法以及注意事项

以 CW6132 型车床的电气原理图为例，如图 2-1-7 所示。

（1）电气控制电路根据电路通过的电流大小分为主电路和控制电路。主电路和控制电路应分别绘制。

① 主电路包括从电源到电动机的电路，绘制在图面的左侧或上部。

② 控制电路由按钮、电气元件的线圈、接触器的辅助触头、继电器的触头等组成，绘制在图面的右侧或下部。

（2）电气原理图应按国家标准所规定的图形符号、文字符号和回路标号绘制，不画实际的

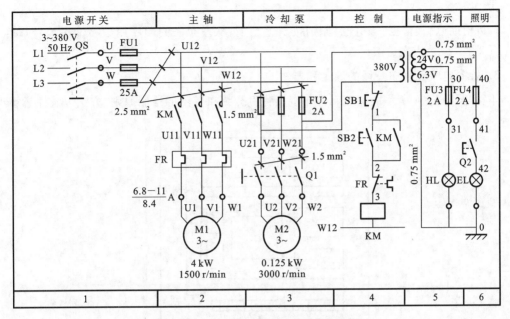

图 2-1-7 CW6132 型车床的电气原理图

外形图。

（3）各电气元件的图形符号,按电路未通电或电器未受外力作用时的状态绘制。当图形符号垂直绘制时触头动作的方向为从左向右,即在垂线左侧的触点为常开触点,在垂线右侧的触点为常闭触点;当图形符号水平绘制时触头动作的方向为从下往上,即在水平线下方的为常开触点,在水平线上方的为常闭触点。

（4）在电路图中,同一电器的各元器件不按实际位置画在一起,而是按其在线路中所起作用分别画在不同电路中,但动作是互相关联的,因此,必须标注相同的文字符号。相同的电器可以在文字符号后面加注不同的数字,以示区别,如 KM1、KM2 等。

（5）控制电路的分支电路原则上应按照动作先后顺序排列,画电路图时,应尽可能减少线条和避免线条交叉。有电联系的交叉导线连接点要用小黑圆点表示;无电联系的交叉导线则不画小黑圆点。

（6）电路图采用电路编号法,即电路中各个接点应用字母或数字编号。

（7）在原理图的下方,将图分成若干图区,从左到右用数字编号,这是为了便于检索电气线路,方便阅读和分析。按图中各部分电路的性质、作用等对应划分区域,将电路功能描述在对应的上方框中,以便于理解电路的工作原理。

（8）在电气原理图中电气元件及导线的文字符号、额定数据、规格等标注在其图形符号的旁边,也可以填写在元件明细表中。

2. 线号的标注原则和方法

以图 2-1-7 所示的 CW6132 型车床的电气原理图为例,介绍线号的标注原则和方法。

（1）主电路:电源开关的进线端按相序依次编号为 L1、L2、L3;出线端按相序依次编号为 U11、V11、W11 。按从上至下、从左至右的顺序,每经过一个元器件,编号递增,如 U12、V12、W12,U13、V13、W13。单台三相交流电动机(或设备)的三根引出线按相序依次编号为 U、V、W。多台电动机引出线的编号,在字母前用不同的数字加以区别,如 1U、1V、1W,2U、

2V、2W。

（2）辅助电路：根据"等电位"原则按从上至下、从左至右的顺序用数字依次编号，每经过一个元器件，编号依次递增。

3. 绘制电气元件布置图的原则和方法

下面以图 2-1-8 所示的电气元件布置图为例介绍布置图的绘制原则、方法以及注意事项。

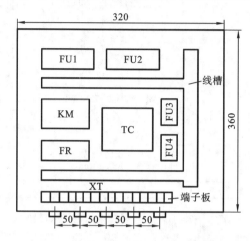

图 2-1-8　CW6132 型车床的电气元件布置图

（1）电气元件的安装位置由控制系统的结构和工作要求及电气元件的特点决定，体积大和较重的电气元件应安装在电器安装板的下方，而发热元件应安装在电器安装板的上面。

行程开关应布置在能取得信号的地方，电动机要和被拖动的机械部件在一起。对于需要安装在不同位置的控制板，应分别绘制布置图。

（2）强电、弱电应分开，弱电应屏蔽，防止外界干扰。

（3）需要经常维护、检修、调整的电气元件安装位置不宜过高或过低。

（4）电气元件的布置应整齐、美观、对称，外形尺寸与结构类似的电器安装在一起，以利安装和配线。

（5）电气元件布置应留有一定间距。如用走线槽，则应加大各排电器的间距，以利布线和维修。

（6）用螺钉安装固定的电气元件需给出安装位置尺寸。

4. 绘制接线图的原则和方法

接线图主要用于电气元件的安装接线、检查、维修和故障处理，通常接线图与电气原理图和元件布置图一起使用。

（1）接线图中一般示出如下内容：电气设备和电气元件的相对位置、文字符号、端子号、导线号、导线类型、导线截面积、屏蔽和导线绞合等。

（2）所有的电气设备和电气元件都按其所在的实际位置绘制在图纸上，且同一电器的各元件根据其实际结构，使用与电路图相同的图形符号画在一起，并用虚线框出，文字符号以及接线端子的编号应与电路图的标注一致，以便对照检查线路。

（3）接线图中的导线有单根导线、导线组、电缆等之分，可用连续线和中断线来表示。走向相同的可以合并，用线束来表示，到达接线端子或电气元件的连接点时再分别画出。另外，导线及管子的型号、根数和规格应标注清楚。

三、电动机点动控制电路

点动控制是指按下起动按钮,电动机转动,松开按钮,电动机停转。点动控制是短时断续手动控制方式,主要用于设备的快速移动和校正装置,多用于机床刀架、横梁、立柱的快速移动,也常用于机床的试车调整和对刀等场合。点动控制电路原理如图 2-1-9 所示,分为主电路和控制电路两部分。

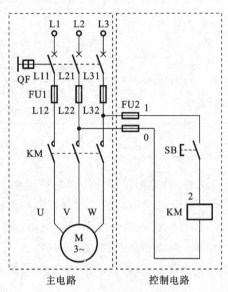

图 2-1-9　点动控制电路原理图

（一）识读点动控制电路

点动控制电路由主电路和控制电路组成。可按以下方法识读电路。

1. 识读主电路

（1）识读负载。负载是指消耗电能的用电器或电气设备,如电动机、电热器件等。先看清负载的数量、类别、用途、接线方式等。本电路的负载即用电器为一台三相交流异步电动机 M,采用交流接触器直接起动的控制方式。

（2）识读主电路中的电气元件,识别各种电气元件在电路中的作用。本电路中有控制电动机的接触器 KM、控制主电路电源接通和断开的电源开关 QF、对主电路进行短路保护的熔断器 FU。

（3）识读电源。识别电源的种类和电压等级,判别是直流电源还是交流电源。直流电源的电压等级有 660 V、220 V、110 V、24 V、12 V 等,交流电源的电压等级有 380 V、220 V、110 V、36 V、24 V 等,频率为 50 Hz。本电路的电源是 380 V 三相交流电。

2. 识读控制电路

（1）识读控制电路电源。识别控制电路电源的种类和电压等级,本控制电路电源直接采用 380V 交流电。

（2）按布局顺序从左到右、从上到下分析每条支路的工作原理。识别控制电路中的元器件、各元器件的作用及对主电路的控制关系。

点动控制电路的组成及元器件功能的识读过程见表 2-1-2。

表 2-1-2　点动控制电路的组成及元器件功能的识读过程

项目	电路识读任务	电路组成	符号	元器件功能	备注
1	识读电源电路	断路器	QF	电源总开关	位于电路图上方
2	识读主电路	熔断器	FU1	主电路短路保护	位于电路图的左侧
		交流接触器主触点	KM	控制电动机 M	
		三相笼型异步电动机	M	负载	
3	识读控制电路	熔断器	FU2	控制电路短路保护	位于电路图的右侧
		按钮	SB	控制电路起动与停止	
		交流接触器线圈	KM	控制接触器的吸合与释放,从而控制主电路通断	

（二）分析点动控制电路的工作原理

在分析各种控制电路原理图时,通常用元器件的文字符号和箭头配以少量文字说明来简明表示电路的工作原理。电动机点动控制电路的工作原理和操作过程如下。

（1）起动:合上断路器 QF,接通三相电源→按下起动按钮 SB(按住不放)→接触器 KM 线圈得电→接触器 KM 主触点闭合→电动机 M 通电运转。

（2）停止:松开起动按钮 SB→接触器 KM 线圈失电→接触器 KM 主触点复位断开→电动机 M 失电停转。

（三）点动控制电路元器件明细表

点动控制电路元器件明细表见表 2-1-3。

点动控制电路　接触器点动
工作原理　　控制原理

表 2-1-3　点动控制电路元器件明细表

序　　号	元器件名称	数　　量
1	断路器	1
2	熔断器	5
3	交流接触器	1
4	三相笼型异步电动机	1
5	按钮	1
6	主电路导线(黄、绿、红)	若干
7	控制电路导线(黑)	若干

（四）点动控制电路的安装

1. 安装固定元器件

识读元器件布置图,选择合适的元器件。安装前应检查所选的元器件型号和规格是否符合控制要求;检查元器件质量是否符合要求,查看元器件外壳有无裂纹,接线柱是否生锈,零部件是否齐全;检查元器件动作是否灵活,线圈电压与电源电压是否相符。将元器件按照元器件布置图所示的位置安装到控制板上。点动控制电路的元器件布置图如图 2-1-10 所示。

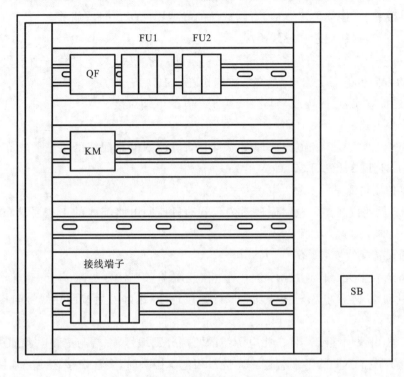

图 2-1-10　点动控制电路的元器件布置图

安装时各元器件的位置应排列整齐、均匀,间距合理,便于更换元器件;紧固时要用力均匀,紧固程度适当,防止用力过猛而损坏元器件。

元器件安装注意事项如下:

(1) 安装熔断器。安装螺旋式熔断器时,应按低进高出的原则,即电源进线必须接瓷座的上接线端子,负载线必须接螺纹壳的下接线端子。这样在更换熔管时,旋出螺帽后,螺纹壳才不会带电,确保操作者的安全。

(2) 安装交流接触器。接触器垂直安装,标有线圈的额定电压值的一侧应朝上,保证接触器正常工作。

(3) 安装按钮。通常选绿色按钮为起动按钮,固定时按钮盒的穿线孔应朝下,便于接线。

2. 电路布线安装

根据电动机容量选择电路导线,按照安装接线图和电气原理图进行电路的布线安装。

(1) 电动机控制电路布线的工艺要求。

① 导线颜色规定为主回路用黄色线(U 相)、绿色线(V 相)、红色线(W 相)、蓝色线(N 线)、黄绿色线(PE 线);控制回路全部用黑线。

② 布线的通道要尽可能少,同路并行导线按主、控电路分类集中,单层密排,紧贴安装板。

③ 布线应横平竖直,分布均匀,变换走向时应垂直。

④ 同一平面的导线应高低一致和前后一致,不能交叉,必须交叉的导线,应水平架空跨越。

⑤ 导线与接线端子连接时,不压绝缘层、不反圈及不露铜过长。

⑥ 二次回路电气元件应套线号,线号正确清晰。

⑦ 每个接线端子接线最多2根,不同截面的导线不能接在同一端子上。

⑧ 布线时严禁损伤线芯和导线绝缘。

⑨ 要在每根剥去绝缘层的导线上套号码管,且同一个接线端子只套一个号码管。编号应顺着号码管的方向自下而上编写,其文字方向由左向右。

⑩ 安装连接按钮,按照导线号与接线端子 XT 的下端对接。

(2)安装主电路。

按图施工,根据接线图和电路原理图按照电动机控制电路配线的工艺要求布线。依次安装 L11、L21、L31、L12、L22、L32、U、V、W。

(3)安装控制电路。

按图施工,根据接线图和电路原理图按照电动机控制电路配线的工艺要求布线。依次安装 0 号线、2 号线、1 号线。

(4)外围设备配线安装。

外围设备与板上元器件连接时,必须通过接线端子 XT 对接。

①安装电动机,连接电源连接线及金属外壳接地线,编好号后按照导线号与接线端子 XT 的下端对接。

②连接三相电源插接线。将三相电源线的两端分别编号,一端与三相电源插头相连,另一端按号码与接线端子 XT 的下端相连。连接三相电源插头时,要注意接地线必须接接地端子,同时接地线不能与相线对调,否则会出现安全事故。

(5)安装布线的注意事项。

① 绝缘层不能剥得过多,露铜过长(露铜部分不超过 0.5 mm)。

② 导线与 FU、SB 接线端子连接时要先做成羊眼圈,将导线全部固定在垫圈之下,不能出现小股铜线分叉在接线端子之外的现象。

③ 导线紧固前要套号码管、编号,并确保导线号的文字编写方向正确。

④ 起动按钮是常开按钮,不能接为常闭按钮。

3. 电动机安装

(1)电动机绕组按点动控制主电路连接,出线端接成三角形连接方式。

(2)安装电动机和按钮的金属外壳上的保护接地。

4. 自检

(1)检查布线。对照接线图检查是否存在掉线、错线,是否漏编或错编,接线是否牢固等。

(2)使用万用表检测电路的通断情况。一般选用万用表的"R×100Ω"挡位检测,断开 QF。

① 检测主电路:取下 FU2 的熔体,切断控制电路,检测电源每相是否为通路,每相电源之间是否绝缘。将万用表的两支表笔分别搭接在 L11—L21、L11—L31 和 L21—L31 端子上,测量三相电源之间的阻值。未操作接触器之前,测得电阻值为∞,即每相电路为断路,绝缘良好;操作接触器 KM,按下支架,应测得电动机一相绕组的直流电阻值,即每相电路为通路。

② 检测控制电路:装好 FU2 的熔体,将万用表两支表笔搭接在 L21—L31 端子的两端,测得电阻值为∞,即电路为断路。按住 SB,应测得 KM 线圈的直流电阻值;松开 SB,电路应为断路。

安装完成的电路必须经过认真检测后才能通电试车,以避免错接、漏接导致不能正常运行或短路事故。

(五) 通电调试与故障检修

通电调试分为空载试车(不接电动机)和负载试车(接电动机)两个环节。

经自检,确认安装的线路正确和无安全隐患后,在教师的监护下,按表 2-1-4 所示步骤通电调试。切记严格遵守安全操作规程,确保人身安全。

表 2-1-4　通电调试运行情况记录表

步骤	操作内容	观察内容	正确结果	观察结果	备注
1	先连接电源,再合上断路器	电源插头 断路器	已合闸		按顺序操作
2	按下控制按钮 SB	接触器	线圈吸合		单手操作, 注意安全
		电动机	运转		
3	松开控制按钮 SB	接触器	线圈释放		
		电动机	停转		
4	拉下断路器操作杆,拔下电源插头	断路器 电源插头	已分断		按顺序操作

1. 空载试车

合上电源开关 QF,按住按钮 SB,KM 线圈得电吸合,松开按钮 SB,KM 线圈失电释放。重复多次,检查线路动作情况是否正常,是否符合电路功能要求,检查电气元件动作是否灵活,有无卡阻或噪声,有无异味。

2. 负载试车

断开电源开关 QF,连接电动机,合上 QF,按下按钮 SB,KM 线圈得电吸合,电动机运转;松开按钮 SB,KM 线圈失电释放,电动机停转,从而实现了电动机点动运转控制。检查线路是否正常工作。若在试车过程中发现异常现象,应及时断电停车,并记录故障现象,在排除故障之后再次通电试车,直到试车成功为止。

3. 通电试车注意事项

(1) 未经教师允许,严禁私自通电试车。

(2) 通电前先整理现场,清理无用的导线,保持现场干净、整洁。

(3) 通电状态下,学生应当双脚站在绝缘垫上,用单手操作。

(4) 通电试车完毕后,必须在切断电源后方可离开现场。

(六) 故障分析

电动机点动控制电路常见故障分析见表 2-1-5。

表 2-1-5　电动机点动控制电路常见故障分析

故 障 现 象	故 障 原 因	检 测 方 法
按下按钮SB，KM线圈不吸合，电动机不起动	①电源故障：断路器QF故障、电源连接导线故障。 ②控制电路故障：FU2故障、1号线断路、SB常开触点故障、2号线断路、KM线圈故障	①电源电路检测：合上QF，用万用表500 V交流电压挡分别检测QF下端点L11-L21、L21-L31、L11-L31之间的电压，观察是否正常。若电压正常则故障点在控制电路；若电压不正常，则检测电源的输入端电压。若输入端电压正常，则故障点在断路器；若输入端电压不正常，则故障点在电源。 ②控制电路检测：合上QF，用测电笔逐点顺序检测是否有电，故障点在有电点和无电点之间
控制电路正常，电动机不能起动且有嗡嗡声	①电源缺相。 ②电动机定子绕组断路或绕组匝间断路。 ③KM主触点接触不良，使电动机单相运行。 ④轴承损坏，转子扫膛	①主电路检测：参照前文自检中的主电路检测方法。 ②电动机的检测：用钳形电流表测量电动机三相电流是否平衡；断开QF，用万用表电阻挡测量电动机定子绕组是否断路

（七）电动机基本控制电路故障检查与维修方法

1. 故障检查步骤

（1）通电试验，观察故障现象，初步判定故障范围。

（2）运用逻辑分析法缩小故障范围。根据电气控制电路的工作原理、控制环节的动作顺序及元器件之间的联系，结合故障现象具体分析，进而缩小故障范围，判断故障点。

（3）采用仪表测量法确定故障点。利用电工工具和仪表（验电器、万用表、钳形电流表、兆欧表等）对电路进行带电或断电测量。

2. 电压分阶测量法

电压分阶测量法示意图如图 2-1-11 所示，测量方法如下：

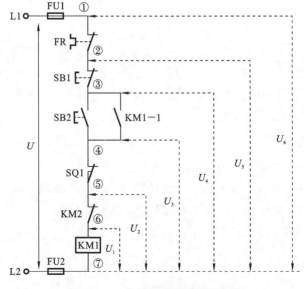

图 2-1-11　电压分阶测量法示意图

（1）测量 L1 与 L2 间电压。先用万用表检测 L1 与 L2 之间的电压 U，若 L1、L2 为相线，则 U 应为 380 V（若 L1、L2 通过控制变压器供电，则控制电压常见的有以下几种：220 V、127 V、110 V 和 36 V 等）。

（2）测量电压 U_6。测量①与⑦点之间的电压 U_6，正常值应为电源电压 U，若无电压应检查熔断器 FU1、FU2 是否熔断。若熔断，应检查交流接触器线圈是否短路，其铁芯机械运动是否受阻；检查熔断器熔体接触是否良好，其额定值是否偏小。

（3）检测 $U_5 \sim U_1$。按住 SB2 不放，用一表笔（如黑表笔）接在⑦点上，另一表笔（红表笔）分别去检测电压 $U_1 \sim U_5$。正常电压均应为电源电压 U。

（4）若测到某一点（如⑥点）电压为 0 V，则说明出现断路故障，将红表笔向上移，当移至某点（如④点）有正常的电压 U 时，说明该点之上的（如③、②、①点）触点、线路是完好的，该点之后（下）的触点或线路有断路。一般来说，该点之后的第一个触点（图 2-1-11 中限位开关 SQ1 动断触点）断路或连线断线。根据测量结果找出故障点，见表 2-1-6。

表 2-1-6　电压分阶测量法查找故障点

故障现象	测试状态	①—⑦	②—⑦	③—⑦	④—⑦	⑤—⑦	⑥—⑦	故障点
按下 SB2 时 KM 不吸合	按住 SB2 不放	0	0	0	0	0	0	FR 动断触点接触不良
		380 V	0	0	0	0	0	SB1 动断触点接触不良
		380 V	380 V	0	0	0	0	SB2 接触不良
		380 V	380 V	380 V	0	0	0	SQ1 接触不良
		380 V	380 V	380 V	380 V	0	0	KM2 动断触点接触不良
		380 V	380 V	380 V	380 V	380 V	0	KM1 线圈断路

为了确认上述诊断的正确性，可进一步用电阻分阶测量法确认。对于接点较多的线路，有经验的维修人员往往不会逐点去测量，而是用红表笔跳跃性地前移和后移来测量接点电压，以提高查找故障的效率。

3. 电阻分阶测量法

电阻分阶测量法示意图如图 2-1-12 所示，测量方法如下：

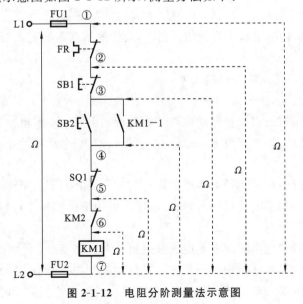

图 2-1-12　电阻分阶测量法示意图

将万用表置于适当量程的电阻挡位,断开电路电源,按住 SB2 按钮不放,用万用表测出
①—⑦、②—⑦、③—⑦、④—⑦、⑤—⑦、⑥—⑦之间的电阻值,根据测量结果找出故障点,见
表 2-1-7。

表 2-1-7　电阻分阶测量法查找故障点

故障现象	测试状态	①—⑦	②—⑦	③—⑦	④—⑦	⑤—⑦	⑥—⑦	故障点
按下 SB2 时 KM 不吸合	按下 SB2 不放	∞	R	R	R	R	R	FR 动断触点接触不良
		∞	∞	R	R	R	R	SB1 动断触点接触不良
		∞	∞	∞	R	R	R	SB2 接触不良
		∞	∞	∞	∞	R	R	SQ1 接触不良
		∞	∞	∞	∞	∞	R	KM2 动断触点接触不良
		∞	∞	∞	∞	∞	∞	KM1 线圈断路

在电动机控制电路发生故障后,总体上应按以下流程进行处理:

(1) 根据故障点的故障现象,采取正确的方法维修和排除故障。

(2) 维修和排除故障后,通电空载校验。

(3) 校验合格,通电运行。

在实际维修中,电动机控制电路的故障多种多样,有元器件本身的故障,也有接线原因,甚至有线路设计问题,因此,应灵活运用检测方法,力求迅速、准确找出故障点,查明故障原因,及时、正确地排除故障。

任务 2.2　连续运行控制电路的安装与调试

【任务目标】

(1) 会识读连续运行控制电路图,能分析电路的工作原理。

(2) 能够正确选择连续运行控制电路装调的元器件和工具。

(3) 能够正确绘制接线图和正确安装元器件,会按照板前布线工艺要求,根据线路图正确安装与调试连续运行控制电路。

(4) 会检测、分析与排除电路中的故障。

【任务描述】

本任务是安装与调试三相异步电动机连续运行控制电路。要求电路实现电动机连续运行控制功能,即按下起动按钮,电动机连续运行;按下停止按钮,电动机停止。

【相关知识】

电动机的连续运行电路常用于电动机的运行方向保持不变的生产机械,例如通风机。连续运行控制指按下起动按钮电动机运转,松开按钮后电动机仍然保持运转的控制方式,用于电动机的长时间连续运行控制。

通常采用接触器自锁电路实现电动机连续运行控制。图 2-2-1 所示的是三相异步电动机接触器自锁连续运行控制电路原理图。与电动机点动控制电路相比较,连续运行控制电路在主电路中串联了热继电器的热元件,用于防止电动机在长时间连续运行时发生过载;在控制电

路中串联了停止按钮 SB2,用于停止电路,串联了热继电器常闭触点 FR,用于在电动机发生过载时断开控制电路,切断主电路以保护电动机;在起动按钮 SB1 的两端并联了接触器的常开辅助触点,用于实现控制电路的自锁。

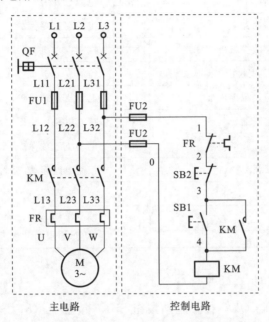

图 2-2-1　接触器自锁连续运行控制电路原理图

(一)识读连续运行控制电路

连续运行控制电路由主电路和控制电路组成,按以下方法识读电路。

1. 识读主电路

(1)识读负载。负载是消耗电能的用电器或电气设备,如电动机、电热器件等。先看清负载的数量、类别、用途、接线方式等。本电路的负载即用电器为一台三相交流异步电动机 M,采用交流接触器直接起动控制方式。

(2)识读主电路中的电气元件。识别各种电气元件在电路中的作用。本电路中的电气元件有控制电动机的接触器 KM、控制主电路电源接通和断开的电源开关 QF,对主电路进行短路保护的熔断器 FU,以及对电动机进行热过载保护的热过载继电器 FR。

(3)识读电源。识别电源的种类和电压等级,判别是直流电源还是交流电源。直流电源的电压等级有 660 V、220 V、110 V、24 V、12 V 等,交流电源的电压等级有 380 V、220 V、110 V、36 V、24 V 等,频率为 50 Hz。本电路的电源是 380 V 三相交流电。

2. 识读控制电路

(1)识读控制电路电源。识别控制电路电源的种类和电压等级,本控制电路电源直接采用 380 V 交流电。

(2)按布局顺序从左到右分析每条支路的工作原理。识别控制电路中的元器件、各元器件的作用及对主电路的控制关系。

连续运行控制电路的组成及元器件功能的识读过程见表 2-2-1。

表 2-2-1 连续运行控制电路的组成及元器件功能的识读过程

项目	电路识读任务	电路组成	符号	元器件功能	备注
1	识读电源电路	断路器	QF	电源总开关	位于电路图上方
2	识读主电路	熔断器	FU1	主电路短路保护	位于电路图的左侧
		交流接触器主触点	KM	控制电动机 M	
		三相笼型异步电动机	M	负载	
		热过载继电器	FR	电动机过载保护	
3	识读控制电路	熔断器	FU2	控制电路短路保护	位于电路图的右侧
		热过载继电器	FR	电动机过载保护	
		按钮	SB1	控制电路起动	
		按钮	SB2	控制电路停止	
		交流接触器线圈	KM	控制接触器的吸合与释放,从而控制主电路通断	

（二）分析连续运行控制电路的工作原理

连续运行
控制原理

（1）起动:合上断路器 QF→按下起动按钮 SB1→接触器 KM 线圈通电→KM 主触点和常开辅助触点闭合→电动机 M 通电运转;(松开 SB1)利用接通的 KM 常开辅助触点自锁,电动机 M 连续运转。

（2）停止:按下停止按钮 SB2→KM 线圈断电→KM 主触点和常开辅助触点断开→电动机 M 断电停转。

（3）过载保护。

当电动机发生过载时,串联在主电路中的热继电器的热元件发生弯曲变形,驱动热继电器内部机构,使控制电路中热继电器的常闭触点 FR 断开,KM 线圈失电,KM 主触点与自锁触点复位断开,电动机 M 停转,从而起到保护电路中设备的作用。

在这个电路中,起到连续运行控制作用的是与起动按钮 SB1 并联的交流接触器的常开辅助触点,在该电路中称之为自锁触点,它在电路中起到保持作用。这种连续运行控制电路又被称为"起保停"电路。复杂的控制电路都以这个电路为基础。

（三）连续运行控制电路元器件明细表

连续运行控制电路元器件明细表见表 2-2-2。

表 2-2-2 连续运行控制电路元器件明细表

序 号	元器件名称	数 量
1	断路器	1
2	熔断器	5
3	交流接触器	1
4	热过载继电器	1
5	三相笼型异步电动机	1

续表

序　号	元器件名称	数　量
6	按钮	2
7	主电路导线（黄、绿、红）	若干
8	控制电路导线（黑）	若干

（四）连续运行控制电路的安装

1. 安装固定元器件

识读元器件布置图，选择合适的元器件。安装前应检查所选的元器件型号和规格是否符合控制要求；检查元器件质量是否符合要求，查看元器件外壳有无裂纹，接线柱是否生锈，零部件是否齐全；检查元器件动作是否灵活，线圈电压与电源电压是否相符。将元器件按照元器件布置图所示的位置安装到控制板上。连续运行控制电路的元器件布置图如图 2-2-2 所示。

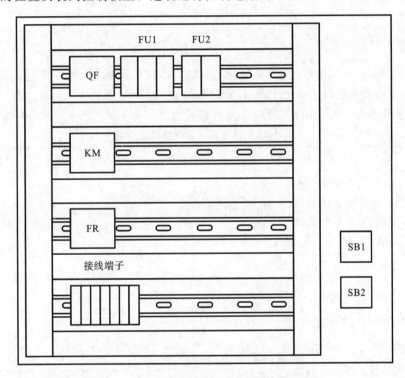

图 2-2-2 连续运行控制电路的元器件布置图

安装时各元器件的位置应排列整齐、均匀，间距合理，便于更换元器件；紧固时要用力均匀，紧固程度适当，防止用力过猛而损坏元器件。

2. 电路布线安装

根据电动机容量选择电路导线，按照安装接线图和电气原理图进行电路的布线安装。先安装主电路，再安装控制电路。布线安装的工艺要求与点动控制电路的布线安装工艺要求相同。

3. 电动机安装

（1）电动机绕组按连续运行控制主电路连接，出线端接成三角形连接方式。

（2）安装电动机和按钮的金属外壳上的保护接地。

4. 自检

（1）检查布线。对照接线图检查是否存在掉线、错线，是否漏编或错编，接线是否牢固等。

（2）使用万用表检测电路的通断情况。一般选用万用表的"R×100Ω"挡位检测，断开 QF。

① 检测主电路：取下 FU2 的熔体，切断控制电路，检测电源每相是否为通路，每相电源之间是否绝缘。将万用表的两支表笔分别搭接在 L11—L21、L11—L31 和 L21—L31 端子上，测量三相电源之间的阻值。未操作接触器之前，测得电阻值为∞，即每相电路为断路，绝缘良好；操作接触器 KM，按下支架，应测得电动机一相绕组的直流电阻值，即每相电路为通路。

② 检测控制电路：装好 FU2 的熔体，将万用表两支表笔搭接在 L21—L31 端子的两端，测得电阻值为∞，即电路为断路。按下 SB1，应测得 KM 线圈的直流电阻值；松开 SB1，若同时按下 SB2，则测得电阻值为∞，即电路由通到断。

安装完成的电路必须经过认真检测后才能通电试车，以避免错接、漏接造成不能正常运行或短路事故。

（五）通电调试与故障检修

通电调试分为空载试车（不接电动机）和负载试车（接电动机）两个环节。

经自检，确认安装的线路正确和无安全隐患后，在教师的监护下，按表 2-2-3 所示步骤通电调试。切记严格遵守安全操作规程，确保人身安全。

表 2-2-3　通电调试运行情况记录表

步骤	操作内容	观察内容	正确结果	观察结果	备注
1	旋转热继电器整定电流调整装置，将整定电流设定为 10 A（向右旋转为调大，向左旋转为调小）	整定电流值	10 A		整定电流为电动机额定电流的 0.95～1.05 倍
2	先连接电源，再合上断路器	电源插头断路器	已合闸		按顺序操作
3	按下起动按钮 SB1	接触器	线圈吸合		
		电动机	运转		
4	松开起动按钮 SB1	接触器	线圈吸合		单手操作，注意安全
		电动机	运转		
5	按下停止按钮 SB2	接触器	线圈释放		
		电动机	停转		
6	拉下断路器操作杆，拔下电源插头	断路器电源插头	已分断		按顺序操作

1. 空载试车

合上电源开关 QF，按下起动按钮 SB1，KM 线圈得电吸合，松开按钮 SB1，KM 线圈应处于自锁，保持通电。按下 SB2，KM 线圈应失电释放。检查线路动作情况是否正常，是否符合电路功能要求,检查电气元件动作是否灵活,有无卡阻或噪声,有无异味。

2. 负载试车

断开电源开关 QF,连接电动机,合上 QF,按下起动按钮 SB1,KM 线圈得电吸合,电动机运转;按下按钮 SB2,KM 线圈失电释放,电动机停转,从而实现了电动机连续运转控制。检查线路是否正常工作。若在试车过程中发现异常现象,应及时断电停车,并记录故障现象,在排除故障之后再次通电试车,直到试车成功为止。

3. 通电试车注意事项

(1)未经教师允许,严禁私自通电试车。

(2)通电前先整理现场,清理无用的导线,保持现场干净、整洁。

(3)通电状态下,学生应当双脚站在绝缘垫上,用单手操作。

(4)通电试车完毕后,必须先切断电源方可离开现场。

4. 过载保护模拟

在实际工作中三相异步电动机连续运行发生过载或断相时,热继电器常闭触点断开,从而断开控制电路,使接触器线圈失电,主触点断开,进而使电动机停止运行。按照表 2-2-4 进行模拟操作,观察故障现象。

表 2-2-4　过载故障现象观察记录表

步骤	操作内容	理论故障现象	观察到的故障现象	备注
1	先连接电源,再合上断路器			已送电,注意安全
2	按下起动按钮 SB1	电动机在运行过程中突然断电停转		起动
3	按下热继电器的测试键			模拟过载
4	拉下断路器操作杆,拔下电源插头			注意安全

（六）故障分析

电动机连续运行控制电路常见故障分析见表 2-2-5。

表 2-2-5　电动机连续运行控制电路故障分析表

故障现象	故障原因	检测方法
按下按钮 SB2,KM 线圈不释放	①SB2 触点被焊住或卡住。 ②KM 已经失电,支架被卡住。 ③KM 铁芯接触面油污将动静铁芯黏住。 ④KM 主触点熔焊	①SB2 检测:断开 QF,按下 SB2,万用表置于电阻挡,将两支表笔分别搭接在按钮 SB2 的两接线端子上,检测按钮的通断情况。 ②KM 主触点检测:断开 QF,万用表置于电阻挡,将两支表笔分别搭接在 KM 主触点的上、下端,检测触点的通断情况
KM 线圈不自锁	① KM 常开辅助触点接触不良。 ②自锁回路断路	自锁回路检测:断开 QF,使用万用表的电阻挡,用电阻法,将一支表笔搭接在 SB2 的下端点,按下 KM 的触头支架,用另一支表笔逐点顺序检测电路通断情况。若检测到电路不通,则故障点在该点与上一点之间

任务 2.3 点动与连续运行控制电路的安装与调试

【任务目标】

(1) 会识读点动与连续运行控制电路图、能分析电路的工作原理。

(2) 能够正确选择点动与连续运行控制电路装调的元器件和工具。

(3) 能够正确绘制接线图和正确安装元器件,会按照板前布线工艺要求,根据线路图正确安装与调试点动与连续运行控制电路。

(4) 会检测、分析与排除电路中的故障。

【任务描述】

本任务是安装与调试三相异步电动机点动与连续运行控制电路。要求电路既能实现电动机点动运行控制又能实现电动机连续运行控制,即点动运行与连续运行结合:在点动运行模式下,可以实现电动机点动运行;在连续运行模式下,可以实现电动机连续运行。

【相关知识】

在生产实践中,机床点动控制调整完毕后,需要连续进行切削加工,则要求电动机既能实现点动又能实现连续运行。点动与连续运行控制电路如图 2-3-1 所示,分别采用转换开关、复合按钮、中间继电器实现点动与连续运行转换。

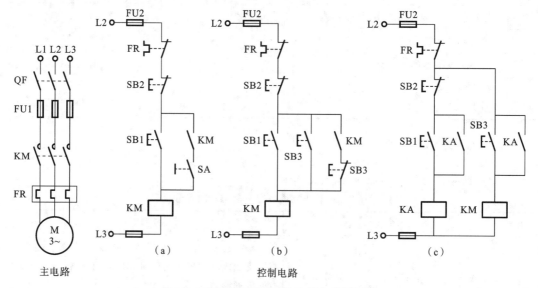

图 2-3-1 点动与连续运行控制电路原理图

(一) 识读点动与连续运行控制电路

点动与连续运行控制电路由主电路和控制电路组成。按以下方法识读电路。

1. 识读主电路

点动与连续运行控制电路的主电路与连续运行控制电路的主电路相同。

(1) 识读负载。负载指消耗电能的用电器或电气设备,如电动机、电热器件等。先看清负载的数量、类别、用途、接线方式等。本电路的负载即用电器为一台三相交流异步电动机 M,

采用交流接触器直接起动控制方式。

（2）识读主电路中的电气元件。识别各种电气元件在电路中的作用。本电路中的电气元件有控制电动机的接触器 KM、控制主电路电源接通和断开的电源开关 QF、对主电路进行短路保护的熔断器 FU，以及对电动机进行热过载保护的热过载继电器 FR。

（3）识读电源。识别电源的种类和电压等级，判别是直流电源还是交流电源。直流电源的电压等级有 660 V、220 V、110 V、24 V、12 V 等，交流电源的电压等级有 380 V、220 V、110 V、36 V、24 V 等，频率为 50 Hz。本电路的电源是 380 V 三相交流电。

2. 识读控制电路

（1）识读控制电路电源。识别控制电路电源的种类和电压等级，本控制电路电源直接采用 380 V 交流电。

（2）按布局顺序从左到右、从上到下分析每条支路的工作原理。识别控制电路中的元器件、各元器件的作用及对主电路的控制关系。

点动与连续运行控制电路的组成及元器件功能的识读过程见表 2-3-1。

表 2-3-1　点动与连续运行控制电路的组成及元器件功能的识读过程

项目	电路识读任务	电路组成	符号	元器件功能	备注
1	识读电源电路	断路器	QF	电源总开关	位于电路图上方
2	识读主电路	熔断器	FU1	主电路短路保护	位于电路图的左侧
		交流接触器主触点	KM	控制电动机 M	
		三相笼型异步电动机	M	负载	
		热过载继电器	FR	电动机过载保护	
3	识读控制电路	熔断器	FU2	控制电路短路保护	位于电路图的右侧
		热过载继电器	FR	电动机过载保护	
		图 2-3-1(a)按钮	SB1	控制点动运行	
			SB2	控制电路停止	
			SA	点动与连续运行切换	
		图 2-3-1(b)、(c)按钮	SB1	控制电路连续运行	
			SB2	控制电路停止	
			SB3	控制电路点动运行	
		交流接触器线圈	KM	控制接触器的吸合与释放，从而控制主电路通断	

（二）分析点动与连续运行控制电路的工作原理

图 2-3-1(a)的线路比较简单，采用按钮开关 SA 实现控制。点动控制时，先把 SA 打开，断开自锁电路→按下 SB1→KM 线圈通电→电动机 M 点动；连续运行控制时，把 SA 合上→按下 SB1→KM 线圈通电，自锁触点起作用→电动机 M 实现长动。

图 2-3-1(b)的线路采用复合按钮 SB3 实现控制。点动控制时，按下复合按钮 SB3，断开自

点动与连续
运行控制原理

锁回路→KM 线圈通电→电动机 M 点动;连续运行控制时,按下起动按钮 SB1→KM 线圈通电,自锁触点起作用→电动机 M 连续运行。此线路在点动控制时,若接触器 KM 的释放时间大于复合按钮的复位时间,则 SB3 松开时,SB3 常闭触点已闭合但接触器 KM 的自锁触点尚未打开,会使自锁电路继续通电,则线路不能实现正常的点动控制。

图 2-3-1(c)的线路采用中间继电器 KA 实现控制。点动控制时,按下起动按钮 SB3→KM 线圈通电→电动机 M 点动;连续运行控制时,按下起动按钮 SB1→中间继电器 KA 线圈通电并自锁→按下起动按钮 SB3→KM 线圈通电→电动机 M 实现长动。此线路多用了一个中间继电器,但工作可靠性却提高了。

(三)点动与连续运行控制电路元器件明细表

点动与连续运行控制电路元器件明细表(以图 2-3-1(c)为例)见表 2-3-2。

表 2-3-2　点动与连续运行控制电路元器件明细表

序号	元器件名称	数　量
1	断路器	1
2	熔断器	5
3	交流接触器	1
4	热过载继电器	1
5	三相笼型异步电动机	1
6	按钮	3
7	中间继电器	1
8	主电路导线(黄、绿、红)	若干
9	控制电路导线(黑)	若干

(四)中间继电器 KA 实现点动与连续运行控制电路的安装

1. 安装固定元器件

识读元器件布置图,选择合适的元器件。安装前应检查所选的元器件型号和规格是否符合控制要求;检查元器件质量是否符合要求,查看元器件外壳有无裂纹,接线柱是否生锈,零部件是否齐全;检查元器件动作是否灵活,线圈电压与电源电压是否相符。将元器件按照元器件布置图所示的位置安装到控制板上。点动与连续运行控制电路的元器件布置图如图 2-3-2所示。

安装时各元器件的位置应排列整齐、均匀,间距合理,便于更换元器件;紧固时要用力均匀,紧固程度适当,防止用力过猛而损坏元器件。

2. 电路布线安装

根据电动机容量选择电路导线,按照安装接线图和电路原理图进行电路的布线安装。先安装主电路,再安装控制电路。布线安装的工艺要求与点动控制电路的布线安装工艺要求相同。

3. 电动机安装

(1)电动机绕组按点动与连续运行控制主电路连接,出线端接成三角形连接。

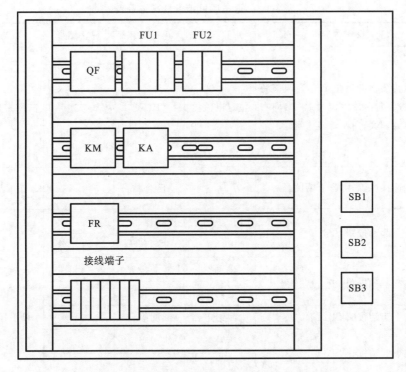

图 2-3-2　点动与连续运行控制电路的元器件布置图

（2）安装电动机和按钮的金属外壳上的保护接地。

4. 自检

（1）检查布线。对照接线图检查是否存在掉线、错线，是否漏编或错编，接线是否牢固等。

（2）使用万用表检测电路的通断情况。一般选用万用表的"R×100Ω"挡位检测，断开 QF。

① 检测主电路：取下 FU2 的熔体，切断控制电路，检测电源每相是否为通路，每相电源之间是否绝缘。将万用表的两支表笔分别搭接在 L11—L21、L11—L31 和 L21—L31 端子上，测量三相电源之间的阻值。未操作接触器之前，测得电阻值为∞，即每相电路为断路，绝缘良好；操作接触器 KM，按下支架，应测得电动机一相绕组的直流电阻值，即每相电路为通路。

② 检测控制电路：装好 FU2 的熔体，将万用表两支表笔搭接在 L21—L31 端子的两端，测得电阻值为∞，即电路为断路。分别按下 SB1、SB3，应分别测得 KA、KM 线圈的直流电阻值；松开 SB1、SB3，若同时按下 SB2，则测得电阻值为∞，即电路由通到断。

安装完成的电路必须经过认真检测后才能通电试车，以避免错接、漏接造成不能正常运行或短路事故。

（五）通电调试与故障检修

通电调试分为空载试车（不接电动机）和负载试车（接电动机）两个环节。

经自检，确认安装的线路正确和无安全隐患后，在教师的监护下，按表 2-3-3 所示步骤通电调试。切记严格遵守安全操作规程，确保人身安全。

1. 空载试车

点动控制时，按下起动按钮 SB3，KM 线圈通电；连续运行控制时，按下起动按钮 SB1，中

表 2-3-3 通电调试运行情况记录表

步骤	操作内容	观察内容	正确结果	观察结果	备 注
1	旋转热继电器整定电流调整装置,将整定电流设定为10 A(向右旋转为调大,向左旋转为调小)	整定电流值	10 A		整定电流为电动机额定电流的0.95～1.05倍
2	先连接电源,再合上断路器	电源插头断路器	已合闸		按顺序操作
3	按下起动按钮SB3	接触器	线圈吸合		
		电动机	运转		
4	松开起动按钮SB3	接触器	线圈释放		
		电动机	停转		
5	按下起动按钮SB1	中间继电器	线圈吸合		单手操作,注意安全
	按下起动按钮SB3	接触器	线圈吸合		
		电动机	连续运行		
6	按下停止按钮SB2	接触器	线圈释放		
		电动机	停转		
7	拉下断路器操作杆,拔下电源插头	断路器电源插头	已分断		按顺序操作

间继电器 KA 线圈通电并自锁,再按下起动按钮 SB3,KM 线圈通电。检查线路动作情况是否正常,是否符合电路功能要求,检查电气元件动作是否灵活,有无卡阻或噪声,有无异味。

2. 负载试车

点动控制时,按下起动按钮 SB3,KM 线圈通电,电动机 M 点动;连续运行控制时,按下起动按钮 SB1,中间继电器 KA 线圈通电并自锁,再按下起动按钮 SB3,KM 线圈通电,电动机 M 实现连续运行。检查线路是否正常工作。若在试车过程中发现异常现象,应及时断电停车,并记录故障现象,在排除故障之后再次通电试车,直到试车成功为止。

3. 通电试车注意事项

(1)未经教师允许,严禁私自通电试车。

(2)通电前先整理现场,清理无用的导线,保持现场干净、整洁。

(3)通电状态下,学生应当双脚站在绝缘垫上,用单手操作。

(4)通电试车完毕后,必须先切断电源方可离开现场。

4. 过载保护模拟

在实际工作中三相异步电动机连续运行发生过载或断相时,热继电器常闭触点断开,从而断开控制电路,使接触器线圈失电,主触点断开,进而使电动机停止运行。按照表2-3-4进行模拟操作,观察故障现象。

表 2-3-4　过载故障现象观察记录表

步骤	操 作 内 容	理论故障现象	观察到的故障现象	备　　注
1	先连接电源,再合上断路器	电动机在运行过程中突然断电停转		已送电,注意安全
2	按下起动按钮 SB1 按下起动按钮 SB3			起动
3	按下热继电器的测试键			模拟过载
4	拉下断路器操作杆,拔下电源插头			注意安全

（六）故障分析

电动机点动与连续运行控制电路常见故障分析见表 2-3-5。

表 2-3-5　电动机点动与连续运行控制电路故障分析表

故 障 现 象	故 障 原 因	检 测 方 法
按下按钮 SB2,KM 线圈不释放	① KA 触点被焊住或卡住。 ② KM 已经失电,支架被卡住。 ③ KM 铁芯接触面油污将动静铁芯黏住。 ④ KM 主触点熔焊	① SB1 检测:断开 QF,按下 SB1,将万用表置于电阻挡,两支表笔分别搭接在按钮 SB1 的两接线端子上,检测按钮的通断情况。 ② KM 主触点检测:断开 QF,万用表置于电阻挡,将两支表笔分别搭接在 KM 主触点的上、下端,检测触点的通断情况。 ③ KA 常开辅助触点检测:检测方法同上
KM 线 圈 不自锁	① KA 常开辅助触点接触不良。 ② 自锁回路断路	自锁回路检测:断开 QF,使用万用表的电阻挡,用电阻法,将一表笔搭接在 FR 的下端点,按下 KA 的触头支架,用另一支表笔逐点顺序检测电路通断情况。若检测到电路不通,则故障点在该点与上一点之间

任务 2.4　顺序运行控制电路的安装与调试

【任务目标】

（1）会识读顺序运行控制电路图,能分析电路的工作原理。

（2）能够正确选择顺序运行控制电路装调的元器件和工具。

（3）能够正确绘制接线图和正确安装元器件,会按照板前布线工艺要求,根据线路图正确安装与调试顺序运行控制电路。

（4）会检测、分析与排除电路中的故障。

【任务描述】

本任务是安装与调试三相异步电动机顺序运行控制电路。要求电路能实现电动机顺序运行控制功能。

【相关知识】

在生产实际中,有些设备往往有多台电动机,各电动机的作用不同,需要按一定顺序实现起动和停止。例如,X62W 型万能铣床上要求主轴电动机起动后,进给电动机才能起动;CA6140 型车床中,要求主轴电动机起动后冷却泵电动机才能起动,主轴电动机停止时冷却泵电动机也停止;皮带输送机中,要求前级输送带起动后才能起动后级输送带,停止时要求先停止后级输送带再停止前级输送带;等等。这种按一定先后顺序完成几台电动机的起动或停止的控制方式称为电动机的顺序控制。如图 2-4-1 所示为两台电动机顺序起动的控制线路。

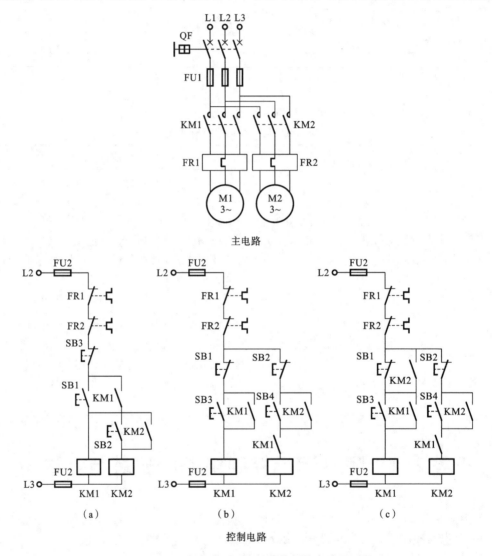

图 2-4-1　两台电动机顺序起动控制的电路原理图

(一)识读顺序运行控制电路

顺序运行控制电路由主电路和控制电路组成。按以下方法识读电路。

1. 识读主电路

(1)识读负载。负载指消耗电能的用电器或电气设备,如电动机、电热器件等。先看清负载的数量、类别、用途、接线方式等。本电路的负载即用电器为两台三相交流异步电动机 M1 和 M2,采用交流接触器直接起动控制方式。

（2）识读主电路中的电气元件。识别各种电气元件在电路中的作用。本电路中的电气元件有控制电动机的接触器 KM1 和 KM2、控制主电路电源接通和断开的电源开关 QF、对主电路进行短路保护的熔断器 FU,以及对电动机进行热过载保护的热过载继电器 FR。

（3）识读电源。识别电源的种类和电压等级,判别是直流电源还是交流电源。直流电源的电压等级有 660 V、220 V、110 V、24 V、12 V 等,交流电源的电压等级有 380 V、220 V、110 V、36 V、24 V 等,频率为 50 Hz。本电路的电源是 380 V 三相交流电。

2. 识读控制电路

（1）识读控制电路电源。识别控制电路电源的种类和电压等级,本控制电路电源直接采用 380 V 交流电。

（2）按布局顺序从左到右、从上到下分析每条支路的工作原理。识别控制电路中的元器件、各元器件的作用及对主电路的控制关系。

顺序运行控制电路的组成及元器件功能的识读过程见表 2-4-1。

表 2-4-1　顺序运行控制电路的组成及元器件功能的识读过程

项目	电路识读任务	电路组成	符号	元器件功能	备注
1	识读电源电路	断路器	QF	电源总开关	位于电路图上方
2	识读主电路	熔断器	FU1	主电路短路保护	位于电路图的左侧
		交流接触器主触点	KM1、KM2	控制电动机	
		三相笼型异步电动机	M1、M2	负载	
		热过载继电器	FR1、FR2	电动机过载保护	
3	识读控制电路	熔断器	FU2	控制电路短路保护	位于电路图的右侧
		热过载继电器	FR1、FR2	电动机过载保护	
		图 2-4-1(a)按钮	SB1	控制 M1 起动	
			SB2	控制 M2 起动	
			SB3	控制电路停止	
		图 2-4-1(b)、(c)按钮	SB1	控制 M1 停止	
			SB2	控制 M2 停止	
			SB3	控制 M1 起动	
			SB4	控制 M2 起动	
		交流接触器线圈	KM1、KM2	控制接触器的吸合与释放,从而控制主电路通断	

（二）分析顺序运行控制电路的工作原理

图 2-4-1(a)中 KM1 的常开辅助触点起自锁和顺序控制的双重作用。

图 2-4-1(b)中单独用一个 KM1 的常开辅助触点作顺序控制触点。

图 2-4-1(c)实现 M1→M2 的顺序起动、M2→M1 的顺序停止控制。起动过

顺序运行
控制原理

程:按下 SB3→KM1 线圈得电→M1 电动机起动运行→KM1 常开辅助触点闭合→KM1 自锁运行;按下 SB4→KM2 线圈得电→M2 电动机起动运行→KM2 常开辅助触点闭合,起动顺序为 M1→M2。停止过程:按下 SB2 停止按钮→KM2 线圈失电→M2 电动机停止运行→KM2 常开辅助触点断开→按下 SB1 停止按钮→KM1 线圈失电→M1 电动机停止运行,停止顺序为 M2→M1。

(三)顺序运行控制电路元器件明细表

顺序运行控制电路元器件明细表(以图 2-4-1(c)所示顺序起动逆序停止控制电路为例)见表 2-4-2。

表 2-4-2　顺序运行控制电路元器件明细表

序　号	元器件名称	数　量
1	断路器	1
2	熔断器	5
3	交流接触器	2
4	热过载继电器	2
5	三相笼型异步电动机	2
6	按钮	4
7	主电路导线(黄、绿、红)	若干
8	控制电路导线(黑)	若干

(四)顺序起动逆序停止运行控制电路的安装

1. 安装固定元器件

识读元器件布置图,选择合适的元器件。安装前应检查所选的元器件型号和规格是否符合控制要求;检查元器件质量是否符合要求,查看元器件外壳有无裂纹,接线柱是否生锈,零部件是否齐全;检查元器件动作是否灵活,线圈电压与电源电压是否相符。将元器件按照元器件布置图所示的位置安装到控制板上。顺序起动逆序停止运行控制电路的元器件布置图如图 2-4-2 所示。

安装时各元器件的位置应排列整齐、均匀,间距合理,便于更换元器件;紧固时要用力均匀,紧固程度适当,防止用力过猛而损坏元器件。

2. 电路布线安装

根据电动机容量选择电路导线,按照安装接线图和电路原理图进行电路的布线安装。先安装主电路,再安装控制电路。布线安装的工艺要求与点动控制电路的布线安装工艺要求相同。

3. 电动机安装

(1)电动机绕组按顺序运行控制主电路连接,出线端接成三角形连接。

(2)安装电动机和按钮的金属外壳上的保护接地。

4. 自检

(1)检查布线。对照接线图检查是否存在掉线、错线,是否漏编或错编,接线是否牢固等。

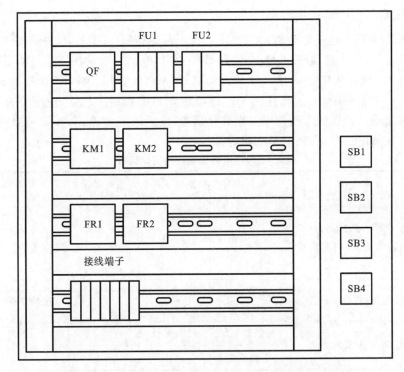

图 2-4-2　顺序起动逆序停止运行控制电路的元器件布置图

（2）使用万用表检测电路的通断情况。一般选用万用表的"R×100Ω"挡位检测，断开 QF。

① 检测主电路：取下 FU2 的熔体，切断控制电路，检测电源每相是否通路，每相电源之间是否是绝缘。将万用表的两支表笔分别搭接在 L11—L21、L11—L31 和 L21—L31 端子上，测量三相电源之间的阻值。未操作接触器之前，测得电阻值为∞，即每相电路为断路，绝缘良好；分别操作接触器 KM1、KM2，按下支架，应测得电动机一相绕组的直流电阻值，即每相电路为通路。

②检测控制电路：装好 FU2 的熔体，将万用表两支表笔搭接在 L21—L31 端子的两端，测得电阻值为∞，即电路为断路。分别按下 SB3 或 SB4，应测得 KM1 或 KM2 线圈的直流电阻值；松开 SB3 或 SB4，若同时按下 SB1 或 SB2，则测得电阻值为∞，即电路由通到断。

安装完成的电路必须经过认真检测后才能通电试车，以避免错接、漏接造成不能正常运行或短路事故。

（五）通电调试与故障检修

通电调试分为空载试车（不接电动机）和负载试车（接电动机）两个环节。

经自检，确认安装的线路正确和无安全隐患后，在教师的监护下，按表 2-4-3 所示步骤通电调试。切记严格遵守安全操作规程，确保人身安全。

1. 空载试车

按下起动按钮 SB3，KM1 线圈通电并自锁；按下起动按钮 SB4，KM2 线圈通电并自锁；按下停止按钮 SB2，KM2 线圈失电；按下停止按钮 SB1，KM1 线圈失电。检查线路动作情况是否正常，是否符合电路功能要求，检查电气元件动作是否灵活，有无卡阻或噪声，有无异味。

2. 负载试车

断开电源开关 QF,连接电动机,合上 QF。按下起动按钮 SB3,KM1 线圈通电并自锁,电动机 M1 起动运行;按下起动按钮 SB4,KM2 线圈通电并自锁,电动机 M2 起动运行。按下停止按钮 SB2,KM2 线圈失电,电动机 M2 停止运转;按下停止按钮 SB1,KM1 线圈失电,电动机 M1 停止运转。在停车操作时需先停止 M2,再停止 M1,实现顺序起动、逆序停止运行。检查线路是否正常工作。若在试车过程中发现异常现象,应及时断电停车,并记录故障现象,在排除故障之后再次通电试车,直到试车成功为止。

表 2-4-3　通电调试运行情况记录表

步骤	操作内容	观察内容	正确结果	观察结果	备　注
1	旋转热继电器整定电流调整装置,将整定电流设定为 10 A(向右旋转为调大,向左旋转为调小)	整定电流值	10 A		整定电流为电动机额定电流的 0.95～1.05 倍
2	先连接电源,再合上断路器	电源插头断路器	已合闸		按顺序操作
3	按下起动按钮 SB3	接触器 KM1	线圈吸合		
		电动机 M1	运转		
4	按下起动按钮 SB4	接触器 KM2	线圈吸合		
		电动机 M2	运转		单手操作,注意安全
5	按下停止按钮 SB2	接触器 KM2	线圈释放		
		电动机 M2	停转		
		电动机 M1	运转		
6	按下停止按钮 SB1	接触器 KM1	线圈释放		
		电动机 M1	停转		
7	拉下断路器操作杆,拔下电源插头	断路器电源插头	已分断		按顺序操作

3. 通电试车注意事项

(1)未经教师允许,严禁私自通电试车。

(2)通电前先整理现场,清理无用的导线,保持现场干净、整洁。

(3)通电状态下,学生应当双脚站在绝缘垫上,用单手操作。

(4)通电试车完毕后,必须先切断电源方可离开现场。

4. 过载保护模拟

在实际工作中三相异步电动机连续运行发生过载或断相时,热继电器常闭触点断开,从而断开控制电路,使接触器线圈失电,主触点断开,进而使电动机停止运行。按照表 2-4-4 进行模拟操作,观察故障现象。

（六）故障分析

电动机顺序运行控制电路常见故障分析见表 2-4-5。

表 2-4-4　过载故障现象观察记录表

步骤	操 作 内 容	理论故障现象	观察到的故障现象	备　　注
1	先连接电源,再合上断路器	电动机 M1、M2 在运行过程中突然断电停转		已送电,注意安全
2	按下起动按钮 SB3、SB4			起动
3	分别按下热继电器 FR1、FR2 的测试键			模拟过载
4	拉下断路器操作杆,拔下电源插头			注意安全

表 2-4-5　电动机顺序运行控制电路故障分析表

故 障 现 象	故 障 原 因	检 测 方 法
按下按钮 SB3、SB4 电 动 机 M1、M2 不运行	①元器件损坏。②元器件之间的连接导线断路	①元器件检测:断开 QF,按下 SB3、SB4,使用万用表电阻挡,将两支表笔分别搭接在按钮 SB3、SB4 的接线端子上,检测按钮的通断情况。②KM 主触点检测:断开 QF,使用万用表的电阻挡,将两支表笔分别搭接在 KM 主触点的上、下端,检测触点的通断情况。③连接导线通断检测:用电阻测量法检测
KM1、KM2 线圈不自锁	①KM1、KM2 常开辅助触点接触不良。②自锁回路断路	自锁回路检测:断开 QF,使用万用表的电阻挡,用电阻法,将一支表笔搭接在 FR 的下端点,按下 KA 的触头支架,用另一支表笔逐点顺序检测电路通断情况。若检测到电路不通,则故障点在该点与上一点之间
控制线路正常,电动机不能起动且有嗡嗡声	①电源缺相。②电动机定子绕组断路或绕组匝间短路。③定子、转子气隙中灰尘、油污过多,将转子抱住。④接触器主触点接触不良,使电动机单相运行	①主电路的检测:检测方法参看前文中的"检测主电路"。②电动机的检测:用钳形电流表测量电动机三相电流是否平衡;断开 QF,用万用表电阻挡测量绕组是否断路

项目3 三相异步电动机可逆运行控制电路的安装与调试

【工作任务】

（1）三相异步电动机正反转运行控制电路的安装与调试。

（2）自动往返控制电路的安装与调试。

【知识目标】

（1）掌握三相异步电动机可逆运行控制电路的控制方式。

（2）掌握三相异步电动机可逆运行控制电路的工作原理和工作过程。

（3）掌握联锁控制电路的构成、分类和作用。

【能力目标】

（1）会识读三相异步电动机可逆运行控制电路图和布置图，会分析电路工作原理，并绘制模拟接线图。

（2）会按照板前布线工艺要求，根据电路图正确安装与调试三相异步电动机可逆运行控制电路。

（3）能检查并排除三相异步电动机可逆运行控制电路的故障。

【素养目标】

（1）遵循标准，规范操作。

（2）工作细致，态度认真。

（3）团队协作，有创新精神。

任务 3.1 正反转运行控制电路的安装与调试

【任务目标】

（1）会分析接触器联锁的正反转控制电路图，能分析电路的工作原理。

（2）能根据电路图正确安装与调试接触器联锁的正反转控制电路。

（3）会诊断三相异步电动机正反转控制电路的故障并进行检修。

（4）会检测、分析与排除电路中的故障。

【任务描述】

本任务是安装与调试三相异步电动机接触器联锁的正反转控制电路。要求电路实现电动机双向运行控制功能：按下正转起动按钮，电动机正转运行；按下停止按钮，电动机停转；按下反向起动按钮，电动机反转。

【相关知识】

将电动机定子三绕组所接的电源任意两相对调，改变电动机的定子电源相序，可以改变电动机的转动方向。电源顺接时正转运行；电源保持其中一相不变，另外两相互调，即可实现反转运行。

　　可通过两个接触器改变电动机定子绕组的电源相序来实现三相异步电动机正反转运行。电动机正反转控制电路如图 3-1-1 所示，主电路中接触器 KM1 为正向接触器，控制电动机 M 正转；接触器 KM2 为反向接触器，控制电动机 M 反转。控制电路用两台接触器控制电动机正反转，若同时按下 SB2 和 SB3，则接触器 KM1 和 KM2 线圈同时得电并自锁，它们的主触点都闭合，这时会造成电动机三相电源的相间短路事故，所以该电路不能使用。

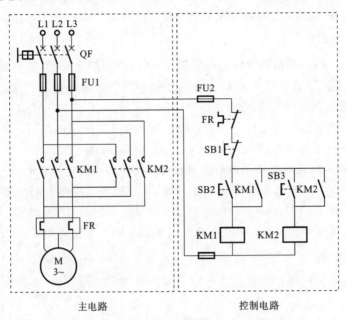

图 3-1-1　两台接触器控制的电动机正反转控制电路

　　为了避免两台接触器同时得电而造成电源相间短路，在控制电路中，分别将两个接触器 KM1、KM2 的动断辅助触点串接在对方的线圈回路里，如图 3-1-2 所示。这种利用两个接触器

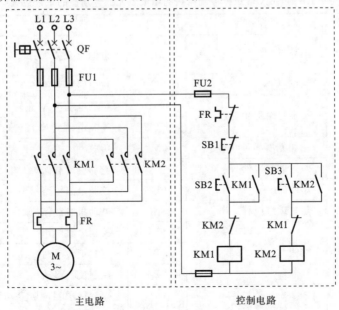

图 3-1-2　两台接触器互锁控制的电动机正反转控制电路

（或继电器）的动断触点互相制约的控制方法称为互锁（也称联锁），而这两对起互锁作用的触点称为互锁触点。这种利用接触器（或继电器）常闭触点的互锁称为电气互锁。

该线路只能实现"正→停→反"或者"反→停→正"控制，即必须按下停止按钮后，再反向或正向起动。

（一）识读正反转运行控制电路

正反转运行控制电路由主电路和控制电路组成。按以下方法识读电路。

1. 识读主电路

（1）识读负载。负载指消耗电能的用电器或电气设备，如电动机、电热器件等。先看清负载的数量、类别、用途、接线方式等。本电路的负载即用电器为一台三相交流异步电动机 M，采用交流接触器直接起动控制方式。

（2）识读主电路中的电气元件。识别各种电气元件在电路中的作用。本电路中的电气元件有控制电动机的接触器 KM、控制主电路电源接通和断开的电源开关 QF、对主电路进行短路保护的熔断器 FU，以及对电动机进行热过载保护的热过载继电器 FR。

（3）识读电源。识别电源的种类和电压等级，判别是直流电源还是交流电源。直流电源的电压等级有 660 V、220 V、110 V、24 V、12 V 等，交流电源的电压等级有 380 V、220 V、110 V、36 V、24 V 等，频率为 50 Hz。本电路的电源是 380 V 三相交流电。

2. 识读控制电路

（1）识读控制电路电源。识别控制电路电源的种类和电压等级，本控制电路电源直接采用 380 V 交流电。

（2）按布局顺序从左到右、从上到下分析每条支路的工作原理。识别控制电路中的元器件、各元器件的作用及对主电路的控制关系。

正反转运行控制电路的组成及元器件功能的识读过程见表 3-1-1。

表 3-1-1　正反转运行控制电路的组成及元器件功能的识读过程

项目	电路识读任务	电路组成	符号	元器件功能	备　　注
1	识读电源电路	断路器	QF	电源总开关	位于电路图上方
2	识读主电路	熔断器	FU1	主电路短路保护	位于电路图的左侧
		交流接触器主触点	KM1	控制电动机 M 正转	
			KM2	控制电动机 M 反转	
		三相笼型异步电动机	M	负载	
		热过载继电器	FR	电动机过载保护	
3	识读控制电路	熔断器	FU2	控制电路短路保护	位于电路图的右侧
		热过载继电器	FR	电动机过载保护	
		按钮	SB1	控制电路停止	
			SB2	控制正转起动	
			SB3	控制反转起动	
		交流接触器线圈	KM1、KM2	控制接触器的吸合与释放，从而控制主电路通断	

接触器与按钮
双重互锁正反
转控制原理

（二）分析正反转运行控制电路的工作原理

1．正转控制

合上电源开关 QF→按下正转起动按钮 SB2→交流接触器 KM1 线圈得电→KM1 主触点闭合→电动机 M 得电正向运转，同时 KM1 动合辅助触点闭合，即自锁触点闭合→电动机 M 连续正转；KM1 动断辅助触点断开，即互锁触点断开→对 KM2 互锁→切断交流接触器 KM2 的线圈电路，确保在按下反转起动按钮 SB3 时 KM2 也不能通电。

2．停止控制

按下停止按钮 SB1→交流接触器 KM1 线圈失电→KM1 主触点断开→电动机 M 停止运行，同时 KM1 动合触点断开→断开自锁→KM1 动断辅助触点复位闭合，解除对 KM2 线圈的互锁，为交流接触器 KM2 线圈的通电做好准备。

3．反转控制

按下反转起动按钮 SB3→交流接触器 KM2 线圈得电→KM2 主触点闭合→电动机 M 得电反向（U 相和 W 相换相）运转，同时 KM2 动合辅助触点闭合，即自锁触点闭合→电动机 M 连续反转；KM2 动断辅助触点断开，即互锁触点断开→对 KM1 互锁→切断交流接触器 KM1 的线圈电路，确保在按下正转起动按钮 SB2 时 KM1 也不能通电。

（三）正反转运行控制电路元器件明细表

正反转运行控制电路元器件明细表见表 3-1-2。

表 3-1-2　正反转运行控制电路元器件明细表

序　号	元器件名称	数　量
1	断路器	1
2	熔断器	5
3	交流接触器	2
4	热过载继电器	1
5	三相笼型异步电动机	1
6	按钮	3
7	主电路导线（黄、绿、红）	若干
8	控制电路导线（黑）	若干

（四）正反转运行控制电路的安装与调试

1．安装固定元器件

识读元器件布置图，选择合适的元器件。安装前应检查所选的元器件型号和规格是否符合控制要求；检查元器件质量是否符合要求，查看元器件外壳有无裂纹，接线柱是否生锈，零部件是否齐全；检查元器件动作是否灵活，线圈电压与电源电压是否相符。将元器件按照元器件布置图所示的位置安装到控制板上。正反转运行控制电路的元器件布置图如图 3-1-3 所示。

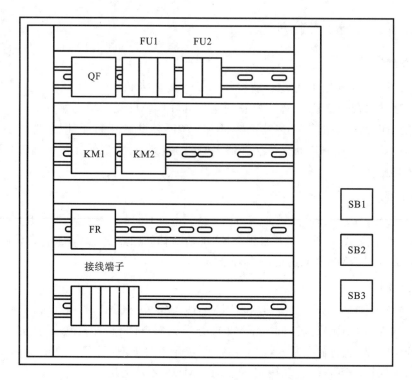

图 3-1-3 正反转运行控制电路的元器件布置图

安装时各元器件的位置应排列整齐、均匀,间距合理,便于更换元器件;紧固时要用力均匀,紧固程度适当,防止用力过猛而损坏元器件。

2. 电路布线安装

根据电动机容量选择电路导线,按照安装接线图和电路原理图进行电路的布线安装。先安装主电路,再安装控制电路。布线安装的工艺要求与点动控制电路的布线安装工艺要求相同。

3. 电动机安装

(1)电动机绕组按正反转运行控制主电路连接,出线端接成三角形连接。

(2)安装电动机和按钮的金属外壳上的保护接地。

4. 自检

(1)检查布线。对照接线图检查是否存在掉线、错线,是否漏编或错编,接线是否牢固等。

(2)使用万用表检测电路的通断情况。一般选用万用表的"R×100Ω"挡位检测,断开 QF。

① 检测主电路:取下 FU2 的熔体,切断控制电路,检测电源每相是否为通路,每相电源之间是否绝缘。将万用表的两支表笔分别搭接在 L11—L21、L11—L31 和 L21—L31 端子上,测量三相电源之间的阻值。未操作接触器之前,测得电阻值为∞,即每相电路为断路,绝缘良好;分别操作接触器 KM1、KM2,按下支架,应测得电动机一相绕组的直流电阻值,即每相电路为通路。

②检测控制电路:装好 FU2 的熔体,将万用表两支表笔搭接在 L21—L31 两端,测得电阻值为∞,即电路为断路。分别按下 SB2 或 SB3,应测得 KM1 或 KM2 线圈的直流电阻值;松开 SB2 或 SB3,若同时按下 SB1,则测得电阻值为∞,即电路由通到断。

安装完成的电路必须经过认真检测后才能通电试车,以避免错接、漏接造成不能正常运行或短路事故。

(五) 通电调试与故障检修

通电调试分为空载试车(不接电动机)和负载试车(接电动机)两个环节。

经自检,确认安装的线路正确和无安全隐患后,在教师的监护下,按表 3-1-3 所示步骤通电调试。切记严格遵守安全操作规程,确保人身安全。

1. 空载试车

按下起动按钮 SB2,KM1 线圈通电并自锁;按下停止按钮 SB1,KM1 线圈断电;按下起动按钮 SB3,KM2 线圈通电并自锁;按下停止按钮 SB1,KM2 线圈断电。检查线路动作情况是否正常,是否符合电路功能要求,检查电气元件动作是否灵活,有无卡阻或噪声,有无异味。

2. 负载试车

断开电源开关 QF,连接电动机,合上 QF。按下正转起动按钮 SB2,KM1 线圈通电并自锁,电动机 M 起动并正向运行;按下停止按钮 SB1,KM1 线圈失电,电动机 M 停止运行。按下反转起动按钮 SB3,KM2 线圈通电并自锁,电动机 M 起动并反向运行;按下停止按钮 SB1,KM2 线圈失电,电动机 M 停止运行。若在试车过程中发现异常现象,应及时断电停车,并记录故障现象,及时排除故障之后再次通电试车,直到试车成功为止。

表 3-1-3　通电调试运行情况记录表

步骤	操作内容	观察内容	正确结果	观察结果	备注
1	旋转热继电器整定电流调整装置,将整定电流设定为 10 A(向右旋转为调大,向左旋转为调小)	整定电流值	10 A		整定电流为电动机额定电流的 0.95 ~ 1.05倍
2	先连接电源,再合上断路器	电源插头断路器	已合闸		按顺序操作
3	按下正转起动按钮 SB2	接触器 KM1	线圈吸合		
3		电动机 M	正向运转		
4	按下停止按钮 SB1	接触器 KM1	线圈释放		
4		电动机 M	停转		单手操作,注意安全
5	按下反转起动按钮 SB3	接触器 KM2	线圈吸合		
5		电动机 M	反向运转		
6	按下停止按钮 SB1	接触器 KM2	线圈释放		
6		电动机 M	停转		
7	拉下断路器操作杆,拔下电源插头	断路器电源插头	已分断		按顺序操作

3. 通电试车注意事项

(1) 未经教师允许,严禁私自通电试车。

（2）通电前先整理现场，清理无用的导线，保持现场干净、整洁。

（3）通电状态下，学生应当双脚站在绝缘垫上，用单手操作。

（4）通电试车完毕后，必须先切断电源方可离开现场。

4. 过载保护模拟

在实际工作中三相异步电动机正反转运行发生过载或断相时，热继电器常闭触点断开，从而断开控制电路，使接触器线圈失电，主触点断开，进而使电动机停止运行。按照表 3-1-4 进行模拟操作，观察故障现象。

表 3-1-4　过载故障现象观察记录表

步骤	操作内容	理论故障现象	观察到的故障现象	备　注
1	先连接电源,再合上断路器	电动机 M 在运行过程中突然断电停转		已送电,注意安全
2	按下起动按钮 SB2 或 SB3			起动
3	按下热继电器 FR 的测试键			模拟过载
4	拉下断路器操作杆,拔下电源插头			注意安全

（六）故障分析

电动机正反转运行控制电路常见故障分析见表 3-1-5。

表 3-1-5　电动机正反转运行控制电路故障分析表

故障现象	故障原因	检测方法
按下 SB2 或 SB3，KM1 或 KM2 线圈动作，但电动机不能起动	主电路故障： ①元器件损坏。 ②主电路元器件之间的连接导线断路。 ③FU1 熔体熔断。 ④FR 热元件损坏。 ⑤主触点接触不良。 ⑥电动机故障	①元器件检测:断开电源线,用万用表电阻挡,两支表笔分别搭接在断路器、接触器、熔断器、热继电器主触点上、下接线端子上,手动操作闭合元器件主触点,检测元器件的通断接触情况。 ②主电路连接导线通断检测:用电阻测量法检测。 ③电动机故障检测:用钳形电流表测量电动机三相电流是否平衡;断开 QF,用万用表电阻挡测量绕组是否断路
按下按钮 SB2 或 SB3，KM1 或 KM2 不动作，电动机不起动	①电源电路故障:断路器故障、熔断器故障、电源连接导线故障。 ②控制电路故障:电路中存在断路或元器件故障	①电源电路检测:合上 QF,用万用表 500 V 交流电压挡分别测量开关下端点 L11—L21、L11—L31、L21—L31 间的相电压,观察电压是否正常。若正常,则故障点在控制电路;若不正常,则检测电源的输入端电压。若输入端电压正常,则故障点在断路器;若输入端电压不正常,则故障点在电源。 ②控制电路检测:合上 QF,用测电笔逐点顺序检测是否有电,故障点在有电点和无电点之间
KM1 或 KM2 线圈不自锁	①KM1 或 KM2 常开辅助触点接触不良。 ②自锁回路断路	自锁回路检测:断开 QF,使用万用表的电阻挡,用电阻法,将一支表笔搭接在 FR 的下端点,按下 KM1 或 KM2 的触头支架,用另一支表笔逐点顺序检测电路通断情况。若检测到电路不通,则故障点在该点与上一点之间

故障现象	故障原因	检测方法
按下按钮 SB2 或 SB3,电动机正常运转,按下 SB1 后,电动机不停转	①SB1 常闭触点熔焊或卡滞。 ②KM1 或 KM2 线圈已失电,但支架被卡住。 ③KM1 或 KM2 铁芯接触面有油污,上下铁芯被黏住。 ④KM1 或 KM2 主触点熔焊	①SB1 检测:断开 QF,用万用表电阻挡检测 SB1 常闭触点的上、下端,操作 SB1 检测通断情况。 ②KM1 或 KM2 主触点检测:断开 QF,用万用表电阻挡检测 KM1 或 KM2 主触点的上、下端,操作 KM1 或 KM2 支架,检测通断情况
控制线路正常,电动机不能起动且有嗡嗡声	①电源缺相。 ②电动机定子绕组断路或绕组匝间短路。 ③定子、转子气隙中灰尘、油污过多,将转子抱住。 ④接触器主触点接触不良,使电动机单相运行	①主电路的检测:检测方法参看前文中的"检测主电路"。 ②电动机的检测:用钳形电流表测量电动机三相电流是否平衡;断开 QF,用万用表电阻挡测量绕组是否断路

任务 3.2 自动往返运行控制电路的安装与调试

【任务目标】

(1)会分析自动往返运行控制电路图,能分析电路的工作原理。

(2)能根据电路图正确安装与调试自动往返运行控制电路。

(3)会诊断自动往返运行控制电路的故障并进行检修。

(4)会检测、分析与排除电路中的故障。

【任务描述】

本任务是安装与调试三相异步电动机自动往返运行控制电路。要求电路实现电动机自动双向运行的控制功能:按下正转起动按钮后,电动机正转运行,到达设定的工作范围,电动机自动反转运行;按下停止按钮,电动机停转,实现电动机自动转换正反转控制。

【相关知识】

在工业生产中,机床工作台等生产机械要求运动部件在一定范围内自动往返工作,如磨床工作台的前进、后退自动往复循环工作,方便对工件进行连续加工,提高生产效率。图 3-2-1 为机床工作台自动往返运动示意图,该装置中 SQ1、SQ2 用于停止和自动换相控制,SQ3 和

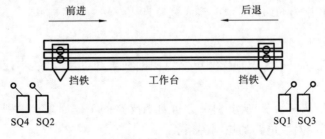

图 3-2-1 机床工作台自动往返运动示意图

SQ4 用作极限限位保护,以防止 SQ1、SQ2 发生故障时工作台超过限位造成事故。

自动往返运行控制电路如图 3-2-2 所示,图中行程开关 SQ1、SQ2 的复合触点构成机械互锁,实现自动停止和自动换向。行程开关 SQ3、SQ4 作为极限位置保护的限位开关,防止 SQ1 或 SQ2 失灵时工作台超过限位造成事故。

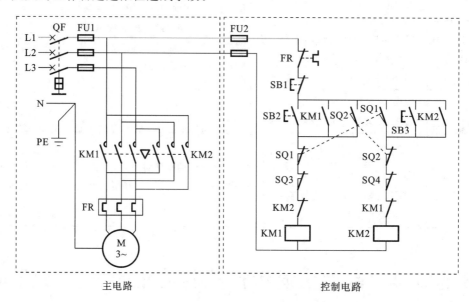

图 3-2-2 自动往返运行控制电路图

（一）识读自动往返运行控制电路

自动往返运行控制电路由主电路和控制电路组成。按以下方法识读电路。

1. 识读主电路

（1）识读负载。负载指消耗电能的用电器或电气设备,如电动机、电热器件等。先看清负载的数量、类别、用途、接线方式等。本电路的负载即用电器为一台三相交流异步电动机 M,采用交流接触器直接起动控制方式。

（2）识读主电路中的电气元件。识别各种电气元件在电路中的作用。本电路中的电气元件有控制电动机的接触器 KM、控制主电路电源接通和断开的电源开关 QF、对主电路进行短路保护的熔断器 FU,以及对电动机进行热过载保护的热过载继电器 FR。

（3）识读电源。识别电源的种类和电压等级,判别是直流电源还是交流电源。直流电源的电压等级有 660 V、220 V、110 V、24 V、12 V 等,交流电源的电压等级有 380 V、220 V、110 V、36 V、24 V 等,频率为 50 Hz。本电路的电源是 380 V 三相交流电。

2. 识读控制电路

（1）识读控制电路电源。识别控制电路电源的种类和电压等级,本控制电路电源直接采用 380 V 交流电。

（2）按布局顺序从左到右、从上到下分析每条支路的工作原理。识别控制电路中的元器件、各元器件的作用及对主电路的控制关系。

自动往返运行控制电路的组成及元器件功能的识读过程见表 3-2-1。

表 3-2-1　自动往返运行控制电路的组成及元器件功能的识读过程

项目	电路识读任务	电路组成	符号	元器件功能	备　注
1	识读电源电路	断路器	QF	电源总开关	位于电路图上方
2	识读主电路	熔断器	FU1	主电路短路保护	位于电路图的左侧
		交流接触器主触点	KM1、KM2	控制电动机 M	
		三相笼型异步电动机	M	负载	
		热过载继电器	FR	电动机过载保护	
3	识读控制电路	熔断器	FU2	控制电路短路保护	位于电路图的右侧
		热过载继电器	FR	电动机过载保护	
		按钮	SB1	控制电路停止	
			SB2	控制正转起动	
			SB3	控制反转起动	
		行程开关	SQ1	正转限位	
			SQ2	反转限位	
			SQ3	极限限位	
			SQ4	极限限位	
		交流接触器线圈	KM1、KM2	控制接触器的吸合与释放,从而控制主电路通断	

（二）分析自动往返运行控制电路的工作原理

1. 自动往返的实现

（1）合上电源总开关 QF→按下正转起动按钮 SB2→交流接触器 KM1 线圈得电吸合并自锁→KM1 主触点闭合→电动机 M 得电正向运转,机械装置从起点出发;同时 KM1 的动断辅助触点断开,切断交流接触器 KM2 线圈的电路。

（2）机械装置到达终点→压下行程开关 SQ1 使其动作→SQ1 的动断触点动作→交流接触器 KM1 线圈失电→电动机 M 停止正向运转;紧接着,SQ1 的动合触点动作→交流接触器 KM2 线圈通电→KM2 主触点闭合→电动机 M 得电反向运转,机械装置从终点运动→释放行程开关 SQ1→SQ1 的触点复位。

（3）机械装置到达起点→压下行程开关 SQ2 使其动作→SQ2 的动断触点动作→交流接触器 KM2 线圈失电→电动机 M 停止反向运转;紧接着,SQ2 的动合触点动作→交流接触器 KM1 线圈通电→KM1 主触点闭合→电动机 M 得电正向运转,机械装置从起点运动→释放行程开关 SQ2→SQ2 的触点复位。

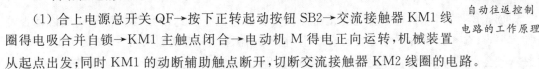

自动往返控制
电路的工作原理

2. 停止控制

按下 SB1 即可实现机械装置在运行过程中停止。

3. 电路特点

（1）行程开关 SQ1、SQ2 安装在终点和起点处,利用机械运动部件移动撞击使其触点动作,代替手动按钮实现机械运动部件的自动往返。

（2）按下停止按钮 SB1,电动机 M 停止运转,在电动机 M 运转时,操作 SB2 或 SB3 无效。

（3）行程开关损坏或被异物卡住,其触点无法动作,机械装置将无法停止。工程应用中,在极限位置安装一个行程开关,将其动断触点与相应的交流接触器的线圈串联,作为极限限位开关,防止工作台超过限位造成事故。

（三）自动往返运行控制电路元器件明细表

自动往返运行控制电路元器件明细表见表 3-2-2。

表 3-2-2 自动往返运行控制电路元器件明细表

序　　号	元器件名称	数　　量
1	断路器	1
2	熔断器	5
3	交流接触器	2
4	热过载继电器	1
5	三相笼型异步电动机	1
6	按钮	3
7	行程开关	4
8	主电路导线（黄、绿、红）	若干
9	控制电路导线（黑）	若干

（四）自动往返运行控制电路的安装与调试

1. 安装固定元器件

识读元器件布置图,选择合适的元器件。安装前应检查所选的元器件型号和规格是否符合控制要求；检查元器件质量是否符合要求,查看元器件外壳有无裂纹,接线柱是否生锈,零部件是否齐全；检查元器件动作是否灵活,线圈电压与电源电压是否相符。将元器件按照元器件布置图所示的位置安装到控制板上。自动往返运行控制电路的元器件布置图如图 3-2-3 所示。

安装时各元器件的位置应排列整齐、均匀,间距合理,便于更换元器件；紧固时要用力均匀,紧固程度适当,防止用力过猛而损坏元器件。

2. 电路布线安装

根据电动机容量选择电路导线,按照安装接线图和电路原理图进行电路的布线安装。先安装主电路,再安装控制电路。布线安装的工艺要求与点动控制电路的布线安装工艺要求相同。

3. 电动机安装

（1）电动机绕组按自动往返运行控制主电路连接,出线端接成三角形连接。

（2）安装电动机和按钮的金属外壳上的保护接地。

4. 自检

（1）检查布线。对照接线图检查是否存在掉线、错线,是否漏编或错编,接线是否牢固等。

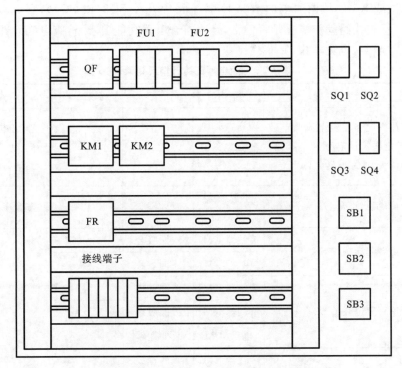

图 3-2-3　自动往返运行控制电路的元器件布置图

（2）使用万用表检测电路的通断情况。一般选用万用表的"R×100Ω"挡位检测，断开 QF。

① 检测主电路：取下 FU2 的熔体，切断控制电路，检测电源每相是否为通路，每相电源之间是否绝缘。将万用表的两支表笔分别搭接在 L11—L21、L11—L31 和 L21—L31 端子上，测量三相电源之间的阻值。未操作接触器之前，测得电阻值为∞，即每相电路为断路，绝缘良好；分别操作接触器 KM1、KM2，按下支架，应测得电动机一相绕组的直流电阻值，即每相电路为通路。

②检测控制电路：装好 FU2 的熔体，将万用表两支表笔搭接在 L21—L31 端子的两端，测得电阻值为∞，即电路为断路。分别按下 SB2 或 SB3，应测得 KM1 或 KM2 线圈的直流电阻值；松开 SB2 或 SB3，若同时按下 SB1，则测得电阻值为∞，即电路由通到断。

安装完成的电路必须经过认真检测后才能通电试车，以避免错接、漏接造成不能正常运行或短路事故。

（五）通电调试与故障检修

通电调试分为空载试车（不接电动机）和负载试车（接电动机）两个环节。

经自检，确认安装的线路正确和无安全隐患后，在教师的监护下，按表 3-2-3 所示步骤通电调试。切记严格遵守安全操作规程，确保人身安全。

1. 空载试车

按下起动按钮 SB2，KM1 线圈通电并自锁；按下行程开关 SQ1，KM1 线圈失电，KM2 线圈通电并自锁；按下停止按钮 SB1，KM2 线圈失电；按下起动按钮 SB3，KM2 线圈通电并自锁，按下行程开关 SQ2，KM2 线圈失电，KM1 线圈通电并自锁；按下停止按钮 SB1，KM1 线圈失电;在 KM1(或 KM2)线圈通电的情况下,按下行程开关 SQ3(或 SQ4),则 KM1(或 KM2)线圈应失电。检查线路动作情况是否正常,是否符合电路功能要求,检查电气元件动作是否灵活,有无卡阻或噪声,有无异味。

表 3-2-3 通电调试运行情况记录表

步骤	操作内容	观察内容	正确结果	观察结果	备注
1	旋转热继电器整定电流调整装置,将整定电流设定为 10 A(向右旋转为调大,向左旋转为调小)	整定电流值	10 A		整定电流为电动机额定电流的 0.95～1.05 倍
2	先连接电源,再合上断路器	电源插头 断路器	已合闸		按顺序操作
3	按下正转起动按钮 SB2	接触器 KM1	线圈吸合		
		电动机 M	正向运转		
4	按下正转限位开关 SQ1	接触器 KM1	线圈释放		
		接触器 KM2	线圈吸合		
		电动机 M	反向运转		
5	按下反转限位开关 SQ2	接触器 KM2	线圈释放		
		接触器 KM1	线圈吸合		
		电动机 M	正向运转		
6	按下停止按钮 SB1	接触器 KM1	线圈释放		单手操作,注意安全
		接触器 KM2	线圈释放		
		电动机 M	停转		
7	按下反转起动按钮 SB3	接触器 KM2	线圈吸合		
		电动机 M	反向运转		
8	按下极限限位开关 SQ4	接触器 KM2	线圈释放		
		电动机 M	停转		
9	按下正转起动按钮 SB2	接触器 KM1	线圈吸合		
		电动机 M	正向运转		
10	按下极限限位开关 SQ3	接触器 KM1	线圈释放		
		电动机 M	停转		
11	拉下断路器操作杆,拔下电源插头	断路器 电源插头	已分断		按顺序操作

2. 负载试车

断开电源开关 QF,连接电动机,合上 QF。按下起动按钮 SB2,KM1 线圈通电并自锁,电动机正转运行;按下行程开关 SQ1,KM1 线圈失电,KM2 线圈通电并自锁,电动机反转运行;按下停止按钮 SB1,KM2 线圈失电,电动机停止运行;按下起动按钮 SB3,KM2 线圈通电并自锁,电动机反转运行,按下行程开关 SQ2,KM2 线圈失电,KM1 线圈通电并自锁,电动机正转运行;按下停止按钮 SB1,KM1 线圈失电,电动机停止运行,实现自动往返运行;在 KM1 或 KM2 线圈通电,电动机自动往返运行时,分别按下行程开关 SQ3 或 SQ4,则 KM1 或 KM2 线圈应失电,电动机停止运行。检查线路是否正常工作。若在试车过程中发现异常现象,应及时断电停车,并记录故障现象,在排除故障之后再次通电试车,直到试车成功为止。

3．通电试车注意事项

（1）未经教师允许,严禁私自通电试车。

（2）通电前先整理现场,清理无用的导线,保持现场干净、整洁。

（3）通电状态下,学生应当双脚站在绝缘垫上,用单手操作。

（4）通电试车完毕后,必须先切断电源方可离开现场。

4．过载保护模拟

在实际工作中三相异步电动机自动往返运行发生过载或断相时,热继电器常闭触点断开,从而断开控制电路,使接触器线圈失电,主触点断开,进而使电动机停止运行。按照表 3-2-4 进行模拟操作,观察故障现象。

表 3-2-4　过载故障现象观察记录表

步骤	操 作 内 容	理论故障现象	观察到的故障现象	备　注
1	先连接电源,再合上断路器	电动机 M 在运行过程中突然断电停转		已送电,注意安全
2	按下起动按钮 SB2 或 SB3			起动
3	按下热继电器 FR 的测试键			模拟过载
4	拉下断路器操作杆,拔下电源插头			注意安全

（六）故障分析

电动机自动往返运行控制电路常见故障分析见表 3-2-5。

表 3-2-5　电动机自动往返运行控制电路故障分析表

故 障 现 象	故 障 原 因	检 测 方 法
碰到 SQ1 或 SQ2 就停车,工作台不往返运动	①元器件损坏。②元器件之间的连接导线断路	利用电阻法测量元器件和元器件之间的连接导线通断情况:断开 QF,使用万用表的电阻挡,将一支表笔搭接在 SB2 的下端,用另一支表笔沿着回路依次检测通断情况
KM1 或 KM2 线圈不自锁	①KM1 或 KM2 常开辅助触点接触不良。②自锁回路断路	自锁回路检测:断开 QF,使用万用表的电阻挡,用电阻法,将一支表笔搭接在 FR 的下端点,按下 KM1 或 KM2 的触头支架,用另一支表笔逐点顺序检测电路通断情况。若检测到电路不通,则故障点在该点与上一点之间

续表

故 障 现 象	故 障 原 因	检 测 方 法
控制线路正常,电动机不能起动且有嗡嗡声	①电源缺相。 ②电动机定子绕组断路或绕组匝间短路。 ③定子、转子气隙中灰尘、油污过多,将转子抱住。 ④接触器主触点接触不良,使电动机单相运行	①主电路的检测:检测方法参看前文中的"检测主电路"。 ②电动机的检测:用钳形电流表测量电动机三相电流是否平衡;断开 QF,用万用表电阻挡测量绕组是否断路

项目 4　三相异步电动机降压起动控制电路的安装与调试

【工作任务】

（1）定子绕组串电阻降压起动控制电路的安装与调试。

（2）星三角降压起动控制电路的安装与调试。

【知识目标】

（1）掌握三相异步电动机降压起动控制要求。

（2）能够正确分析三相异步电动机降压起动控制电路的工作原理。

【能力目标】

（1）会识读三相异步电动机降压起动控制电路图和布置图，会分析电路工作原理，并绘制模拟接线图。

（2）会按照板前布线工艺要求，根据电路图正确安装与调试三相异步电动机降压起动控制电路。

（3）能检查并排除三相异步电动机降压起动控制电路的故障。

【素养目标】

（1）遵循标准，规范操作。

（2）工作细致，态度认真。

（3）团队协作，有创新精神。

任务 4.1　定子绕组串电阻降压起动控制电路的安装与调试

【任务目标】

（1）能够分析定子绕组串电阻降压起动控制电路的工作原理。

（2）能根据电路图正确安装与调试定子绕组串电阻降压起动控制电路。

（3）会诊断定子绕组串电阻降压起动控制电路的故障并进行检修。

（4）会检测、分析与排除电路中的故障。

【任务描述】

本任务是安装与调试三相异步电动机定子绕组串电阻降压起动控制电路。要求电路实现电动机起动时定子绕组串电阻降压起动，起动完成后切换至全压运行的控制功能。

【相关知识】

三相异步电动机的起动是电动机接通电源后，从静止状态到稳定运行状态的过渡过程。在起动的瞬间，转子转速为零，即 $n=0$，旋转磁场的转速 n_1 以相对最大速度切割转子导体，此时转差率 $s=1$，转子感应电动势的电流最大，使定子起动电流很大，可达额定电流的 $5\sim7$ 倍。

虽然起动电流很大,但因功率因数较低,所以起动转矩较小。

过大的起动电流会引起电网电压显著降低,影响电网中其他用电设备的正常运行,甚至该电动机也不能正常起动。起动转矩小时,电动机起动时间长,电动机温升升高;起动频繁时,电动机温升也会升高,影响电动机寿命。起动转矩小于负载转矩时,电动机将无法起动。

针对异步电动机起动电流大、起动转矩小的问题,必须在起动瞬间限制起动电流,提高起动转矩,加快起动过程。对不同容量和结构的电动机,要采取不同的起动方式。常用的起动方式有直接起动(全压起动)和降压起动两种。

1. 直接起动

直接起动是利用空气开关和接触器直接给电动机定子绕组接通额定电压起动的方式,又称全压起动。直接起动的特点是起动设备少,控制电路简单,其缺点是起动电流大、起动转矩小,适用于小容量异步电动机的起动。一般小容量异步电动机,体积小、惯性小,对电网和电动机本身的影响小,可以直接起动。

采用小型三相笼型异步电动机的,如冷却泵、小台钻、砂轮机和风扇等,可采用胶盖闸刀开关或转换开关和断路器直接控制起动和停止,如图 4-1-1(a)所示为三相异步电动机直接起动电路图。这种控制方法不能进行自动控制,且不安全,应采用按钮、接触器等电器来控制。

中小型普通机床的主电动机采用接触器直接控制起动和停止,主电路如图 4-1-1(b)所示,由刀开关 QK、熔断器 FU1、交流接触器 KM 的主触头和笼型电动机 M 组成;控制电路如图 4-1-1(c)(d)所示,由熔断器 FU2、热过载继电器常闭触点 FR、起动按钮 SB 和交流接触器线圈 KM 组成。

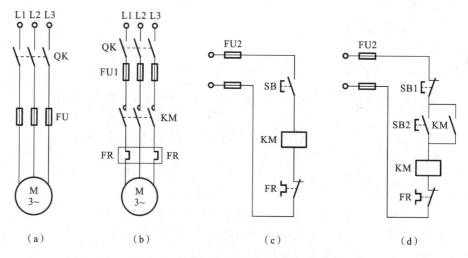

（a） （b） （c） （d）

图 4-1-1 三相异步电动机的直接起动电路

在生产实际中,可用下列公式核定,选择采用直接起动或限制电流起动。

$$I_Q / I_N \leqslant \frac{3}{4} + \frac{P_H}{4} P_N$$

式中:I_Q——电动机的起动电流;I_N——电动机的额定电流;P_N——电动机的额定功率(kW);P_H——电源的总容量(kV·A)。

如果不能满足上式的要求,则必须采取限制起动电流的方法进行起动。

2. 降压起动

降压起动是借助起动设备将电源电压适当降低后加在定子绕组上进行起动，待电动机转速升高到接近稳定时，再使电压恢复到额定值，转入正常运行。降压起动也称减压起动。三相笼型异步电动机容量在 10 kW 以上或由于其他原因不允许直接起动时，应采用降压起动。

降压起动的目的是减小起动电流以及对电网的不良影响，但它同时又降低了起动转矩，所以这种起动方法只适用于空载或轻载起动时的笼型异步电动机。笼型异步电动机降压起动的方法通常有定子绕组回路串电阻或电抗器降压起动、定子绕组串自耦变压器降压起动、Y-△变换降压起动、延边三角形降压起动四种方法。

3. 电阻器

电阻器是具有一定电阻值的电气元件，电流通过时产生电压降。利用电阻器的这一特性，可控制电动机的起动、制动及调速。常用的电阻器有铸铁电阻器、板形（框架式）电阻器、管形电阻器、铁铬铝合金电阻器等。其外观如图 4-1-2 所示。

（a）铸铁电阻器　　　　（b）板形（框架式）电阻器　　　　（c）管形电阻器　　　　（d）铁铬铝合金电阻器

图 4-1-2　常见电阻器的外形图

（1）铸铁电阻器的型号为 ZX1，由铸造或冲压成形的电阻片组装而成，价格低廉，有良好的耐腐蚀性和较大的发热时间常数，但料脆易断，电阻值较小，温度系数较大。铸铁电阻器适用于交流低压电路，供电动机起动、调速、制动及放电等用。

（2）框架式电阻器的型号为 ZX2，是在瓷质绝缘件上绕制板形（ZX2-2 型）或带形（ZX2-1型）康铜而成的电阻元件。其特点是耐振，具有较高的机械强度，适用于交、直流低压电路，尤其适用于要求耐振的场合。

（3）铁铬铝合金电阻器有 ZX9 和 ZX15 两种型号。ZX9 由铁铬铝合金电阻带轧制成波浪管形，电阻为敞开式；ZX15 由铁铬铝合金带制成的螺旋式管形电阻元件装配而成，适用于大、中功率的电动机起动、制动和调速。

4. 定子绕组串电阻降压起动控制电路

定子绕组串电阻降压起动控制电路如图 4-1-3 所示。

（一）识读定子绕组串电阻降压起动控制电路

定子绕组串电阻降压起动控制电路由主电路和控制电路组成。按以下方法识读电路。

1. 识读主电路

（1）识读负载。负载指消耗电能的用电器或电气设备，如电动机、电热器件等。先看清负载的数量、类别、用途、接线方式等。本电路的负载即用电器为一台三相交流异步电动机 M，采用交流接触器控制定子绕组串电阻降压起动控制方式。

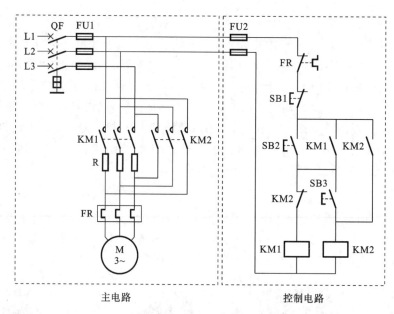

图 4-1-3　定子绕组串电阻降压起动控制电路

（2）识读主电路中的电气元件。识别各种电气元件在电路中的作用。本电路中的电气元件有控制电动机的接触器 KM、控制主电路电源接通和断开的电源开关 QF、对主电路进行短路保护的熔断器 FU，以及对电动机进行热过载保护的热过载继电器 FR 和用于降压起动的电阻器 R。

（3）识读电源。识别电源的种类和电压等级，判别是直流电源还是交流电源。直流电源的电压等级有 660 V、220 V、110 V、24 V、12 V 等，交流电源的电压等级有 380 V、220 V、110 V、36 V、24 V 等，频率为 50 Hz。本电路的电源是 380 V 三相交流电。

2. 识读控制电路

（1）识读控制电路电源。识别控制电路电源的种类和电压等级，本控制电路电源直接采用 380 V 交流电。

（2）按布局顺序从左到右、从上到下分析每条支路的工作原理。识别控制电路中的元器件、各元器件的作用及对主电路的控制关系。

定子绕组串电阻降压起动控制电路的组成及元器件功能的识读过程见表 4-1-1。

表 4-1-1　定子绕组串电阻降压起动控制电路的组成及元器件功能的识读过程

项目	电路识读任务	电路组成	符号	元器件功能	备　注
1	识读电源电路	断路器	QF	电源总开关	位于电路图上方
2	识读主电路	熔断器	FU1	主电路短路保护	位于电路图的左侧
		交流接触器主触点	KM1、KM2	控制电动机 M	
		起动电阻器	R	降压电阻	
		三相笼型异步电动机	M	负载	
		热过载继电器	FR	电动机过载保护	

续表

项目	电路识读任务	电路组成	符号	元器件功能	备　注
3	识读控制电路	熔断器	FU2	控制电路短路保护	位于电路图的右侧
		热过载继电器	FR	电动机过载保护	
		按钮	SB1	控制电路停止	
			SB2	控制串电阻起动	
			SB3	控制全压运行	
		交流接触器线圈	KM1、KM2	控制接触器的吸合与释放,从而控制主电路通断	

(二)分析定子绕组串电阻控制电路的工作原理

1. 电路工作过程分析

闭合电源开关 QF。

(1)降压起动。按下降压起动按钮 SB2→交流接触器 KM1 线圈得电→KM1 主触点和常开辅助触点闭合→电动机 M 定子绕组串电阻降压起动。

(2)全压运行。笼型电动机起动完成后,按下全压运行按钮 SB3→交流接触器 KM2 线圈得电→KM1 常开辅助触点断开→KM1 线圈失电→KM1 主触点断开→切断电阻回路→KM2 主触点和常开辅助触点闭合→电动机 M 全压运行。

(3)停止。按下停止按钮 SB1→控制电路失电→KM2(或 KM1)主触点和辅助触点分断→电动机 M 失电停转。

断开电源开关 QF。

2. 电路特点

(1)电动机从降压起动转换到全压运行的过程,需要手动按下控制按钮,不能实现自动控制。

(2)定子绕组中串电阻前后起动电压比

$$U_1/U_1'=I_{1Q}/I_{1Q}'=K_U$$

式中:I_{1Q}——直接起动电流;I_{1Q}'——降压后的起动电流;K_U——起动电压变化的倍数,即电压比,该值大于 1。而直接起动与降压起动的转矩之比

$$T_Q/T_Q'=[U_1/U_1']^2=K_U^2$$

显然,串电阻后起动转矩大大减小,因此,定子绕组串电阻降压起动只适用于空载和轻载起动。而且采用串电阻降压起动时损耗较大,它一般用于低电压电动机起动。

(三)定子绕组串电阻控制电路元器件明细表

定子绕组串电阻控制电路元器件明细表见表 4-1-2。

表 4-1-2　定子绕组串电阻控制电路元器件明细表

序　号	元器件名称	数　量
1	断路器	1

续表

序　号	元器件名称	数　量
2	熔断器	5
3	交流接触器	2
4	起动电阻器	3
5	热过载继电器	1
6	三相笼型异步电动机	1
7	按钮	3
8	主电路导线(黄、绿、红)	若干
9	控制电路导线(黑)	若干

（四）定子绕组串电阻控制电路的安装与调试

1. 安装固定元器件

识读元器件布置图,选择合适的元器件。安装前应检查所选的元器件型号和规格是否符合控制要求;检查元器件质量是否符合要求,查看元器件外壳有无裂纹,接线柱是否生锈,零部件是否齐全;检查元器件动作是否灵活,线圈电压与电源电压是否相符。将元器件按照元器件布置图所示的位置安装到控制板上。电子绕组串电阻降压起动控制电路的元器件布置图如图 4-1-4 所示。

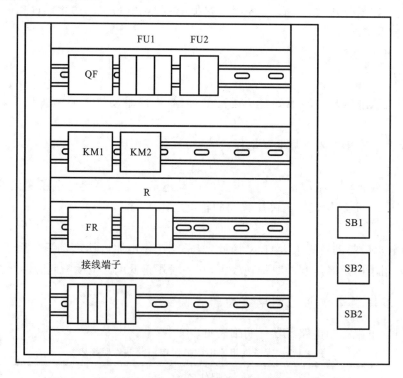

图 4-1-4　定子绕组串电阻降压起动控制电路的元器件布置图

安装时各元器件的位置应排列整齐、均匀,间距合理,便于更换元器件;紧固时要用力均匀,紧固程度适当,防止用力过猛而损坏元器件。

2. 电路布线安装

根据电动机容量选择电路导线,按照安装接线图和电路原理图进行电路的布线安装。先安装主电路,再安装控制电路。布线安装的工艺要求与点动控制电路的布线安装工艺要求相同。

3. 电动机安装

(1) 电动机绕组按定子绕组串电阻降压起动控制主电路连接,出线端接成三角形连接。

(2) 安装电动机和按钮的金属外壳上的保护接地。

4. 自检

(1) 检查布线。对照接线图检查是否存在掉线、错线,是否漏编或错编,接线是否牢固等。

(2) 使用万用表检测电路的通断情况。一般选用万用表的"R×100Ω"挡位检测,断开 QF。

① 检测主电路:取下 FU2 的熔体,切断控制电路,检测电源每相是否为通路,每相电源之间是否绝缘。将万用表的两支表笔分别搭接在 L11—L21、L11—L31 和 L21—L31 端子上,测量三相电源之间的阻值。未操作接触器之前,测得电阻值为∞,即每相电路为断路,绝缘良好;分别操作接触器 KM1、KM2,按下支架,应测得电动机一相绕组的直流电阻值和起动电阻器阻值之和或电动机一相绕组的直流电阻值,即每相电路为通路。

② 检测控制电路:装好 FU2 的熔体,将万用表两支表笔搭接在 L21—L31 端子的两端,测得电阻值为∞,即电路为断路。分别按下 SB2 或 SB3,应测得 KM1 或 KM2 线圈的直流电阻值;松开 SB2 或 SB3,若同时按下 SB1,则测得电阻值为∞,即电路由通到断。

安装完成的电路必须经过认真检测后才能通电试车,以避免错接、漏接造成不能正常运行或短路事故。

（五）通电调试与故障检修

通电调试分为空载试车(不接电动机)和负载试车(接电动机)两个环节。

经自检,确认安装的线路正确和无安全隐患后,在教师的监护下,按表 4-1-3 所示步骤通电调试。切记严格遵守安全操作规程,确保人身安全。

1. 空载试车

按下降压起动按钮 SB2,交流接触器 KM1 线圈得电,KM1 主触点和常开辅助触点闭合。按下全压运行按钮 SB3,交流接触器 KM2 线圈得电,KM1 常开辅助触点先断开,KM1 线圈失电,KM1 主触点断开,切断电阻回路,KM2 主触点和常开辅助触点闭合。按下停止按钮 SB1,控制电路失电,KM2(或 KM1)主触点和辅助触点分断。检查线路动作情况是否正常,是否符合电路功能要求,检查电气元件动作是否灵活,有无卡阻或噪声,有无异味。

2. 负载试车

断开断路器 QF,连接电动机,合上 QF。按下降压起动按钮 SB2,交流接触器 KM1 线圈得电,KM1 主触点和常开辅助触点闭合,电动机 M 定子绕组串电阻降压起动。笼型电动机起动完成后,按下全压运行按钮 SB3,交流接触器 KM2 线圈得电,KM1 常开辅助触点先断开,KM1 线圈失电,KM1 主触点断开,切断电阻回路,KM2 主触点和常开辅助触点闭合,电动机

表 4-1-3　通电调试运行情况记录表

步骤	操 作 内 容	观 察 内 容	正 确 结 果	观 察 结 果	备　　注
1	旋转热继电器整定电流调整装置,将整定电流设定为 10 A(向右旋转为调大,向左旋转为调小)	整定电流值	10 A		整定电流为电动机额定电流的 0.95～1.05 倍
2	先连接电源,再合上断路器	电源插头断路器	已合闸		按顺序操作
3	按下降压起动按钮 SB2	接触器 KM1	线圈吸合		
		电动机 M	降压起动		
4	按下全压运行按钮 SB3	接触器 KM1	线圈释放		单手操作,注意安全
		接触器 KM2	线圈吸合		
		电动机 M	全压运转		
5	按下停止按钮 SB1	接触器 KM1	线圈释放		
		接触器 KM2	线圈释放		
		电动机 M	停转		
6	拉下断路器操作杆,拔下电源插头	断路器电源插头	已分断		按顺序操作

M 全压运行。按下停止按钮 SB1,控制电路失电,KM2(或 KM1)主触点和辅助触点分断,电动机 M 失电停转。检查线路是否正常工作。若在试车过程中发现异常现象,应及时断电停车,并记录故障现象,在排除故障之后再次通电试车,直到试车成功为止。

3. 通电试车注意事项

(1)未经教师允许,严禁私自通电试车。

(2)通电前先整理现场,清理无用的导线,保持现场干净、整洁。

(3)通电状态下,学生应当双脚站在绝缘垫上,用单手操作。

(4)通电试车完毕后,必须先切断电源方可离开现场。

4. 过载保护模拟

在实际工作中三相异步电动机定子绕组串电阻降压起动或全压运行发生过载或断相时,热继电器常闭触点断开,从而断开控制电路,使接触器线圈失电,主触点断开,进而使电动机停止运行。按照表 4-1-4 进行模拟操作,观察故障现象。

表 4-1-4　过载故障现象观察记录表

步骤	操 作 内 容	理论故障现象	观察到的故障现象	备　　注
1	先连接电源,再合上断路器			已送电,注意安全
2	按下起动按钮 SB2 或 SB3	电动机 M 在运行过程中突然断电停转		起动
3	按下热继电器 FR 的测试键			模拟过载
4	拉下断路器操作杆,拔下电源插头			注意安全

（六）故障分析

电动机定子绕组串电阻降压起动控制电路常见故障分析见表 4-1-5。

表 4-1-5　电动机定子绕组串电阻降压起动控制电路故障分析表

故障现象	故障原因	检测方法
按下 SB2 或 SB3，KM1 或 KM2 线圈动作，但电动机不能起动	主电路故障： ①元器件损坏。 ②主电路元器件之间的连接导线断路。 ③FU1 熔体熔断。 ④FR 热元件损坏。 ⑤主触点接触不良。 ⑥电动机故障	①元器件检测：断开电源线，用万用表电阻挡，两支表笔分别搭接在断路器、接触器、熔断器、热继电器主触点上、下接线端子上，手动操作闭合元器件主触点，检测元器件的通断接触情况。 ②主电路连接导线通断检测：用电阻测量法检测。 ③电动机故障检测：用钳形电流表测量电动机三相电流是否平衡；断开 QF，用万用表电阻挡测量绕组是否断路
按下按钮 SB2 或 SB3，KM1 或 KM2 不动作，电动机不起动	①电源电路故障：断路器故障、熔断器故障、电源连接导线故障。 ②控制电路故障：电路中存在断路或元器件故障	①电源电路检测：合上 QF，用万用表 500 V 交流电压挡分别测量开关下端点 L11—21、L11—31、L21—L31 间的相电压，观察电压是否正常。若正常，则故障点在控制电路；若不正常，则检测电源的输入端电压。若输入端电压正常，则故障点在断路器；若输入端电压不正常，则故障点在电源。 ②控制电路检测：合上 QF，用测电笔逐点顺序检测是否有电，故障点在有电点和无电点之间
KM1 或 KM2 线圈不自锁	①KM1 或 KM2 常开辅助触点接触不良。 ②自锁回路断路	自锁回路检测：断开 QF，使用万用表的电阻挡，用电阻法，将一支表笔搭接在 FR 的下端点，按下 KM1 或 KM2 的触头支架，用另一支表笔逐点顺序检测电路通断情况。若检测到电路不通，则故障点在该点与上一点之间
按下按钮 SB2 或 SB3，电动机正常起动运转，按下 SB1 后，电动机不停转	①SB1 常闭触点熔焊或卡滞。 ②KM1 或 KM2 线圈已失电，但支架被卡住。 ③KM1 或 KM2 铁芯接触面有油污，上下铁芯被黏住。 ④KM1 或 KM2 主触点熔焊	①SB1 检测：断开 QF，用万用表电阻挡检测 SB1 常闭触点的上、下端，操作 SB1 检测通断情况。 ②KM1 或 KM2 主触点检测：断开 QF，用万用表电阻挡检测 KM1 或 KM2 主触点的上、下端，操作 KM1 或 KM2 支架，检测通断情况
控制线路正常，电动机不能起动且有嗡嗡声	①电源缺相。 ②电动机定子绕组断路或绕组匝间短路。 ③定子、转子气隙中灰尘、油污过多，将转子抱住。 ④接触器主触点接触不良，使电动机单相运行	①主电路的检测：检测方法参看前文中的"检测主电路"。 ②电动机的检测：用钳形电流表测量电动机三相电流是否平衡；断开 QF，用万用表电阻挡测量绕组是否断路

任务 4.2 星三角降压起动控制电路的安装与调试

【任务目标】

（1）能够分析三相异步电动机星三角降压起动控制电路的工作原理。

（2）能安装与调试三相异步电动机星三角降压起动控制电路。

（3）会诊断三相异步电动机星三角降压起动控制电路的故障并进行检修。

（4）会检测、分析与排除电路中的故障。

【任务描述】

本任务是安装与调试三相异步电动机星三角降压起动控制电路。要求电路实现电动机降压起动控制功能：按下起动按钮后，电动机定子绕组接成星形，降压起动，延时一段时间后电动机定子绕组接成三角形，全压运行。

【相关知识】

对于正常运行时定子绕组接成三角形的三相异步电动机，起动时将绕组接成星形，使电动机每相所承受的电压降低，从而降低起动电流，待电动机起动完毕，再接成三角形，这种起动方式称为星三角（Y-△）降压起动。三角形与星形连接时的电压如图 4-2-1 所示。

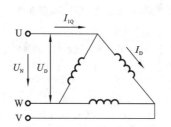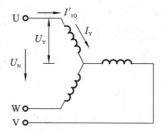

图 4-2-1 三角形与星形连接时的电压

采用三角形连接直接起动：

$$U_D = U_N$$

电网供给电动机的线电流：

$$I_{1Q} = \sqrt{3} I_D$$

采用星形连接降压起动：

$$U_Y = \frac{U_N}{\sqrt{3}}$$

电网供给电动机的线电流：

$$I'_{1Q} = I_Y$$

两种情况下的线电流之比为 $\dfrac{I'_{1Q}}{I_{1Q}}$，考虑到起动时相电流与相电压成正比，线电流比变为

$$\frac{I'_{1Q}}{I_{1Q}} = \frac{U_Y}{\sqrt{3} U_D} = \frac{U_N}{\sqrt{3} \cdot \sqrt{3} U_N} = \frac{1}{3}$$

两种情况下的起动转矩比为

$$\frac{T'_Q}{T_Q} = \frac{U_Y^2}{U_D^2} = \frac{1}{3}$$

星三角降压起动控制电路采用时间继电器和交流接触器实现控制。起动时交流接触器 KM1、KM3 工作,将电动机定子绕组接成星形,进行降压起动,时间继电器延时时间到即电动机起动完成时,KM3 断开,KM1、KM2 工作,将电动机定子绕组接成三角形,在额定电压下运行。星三角降压起动控制电路如图 4-2-2 所示。

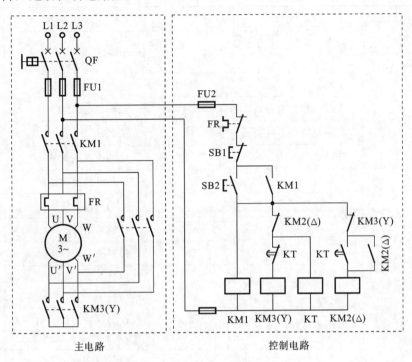

图 4-2-2 星三角降压起动控制电路

(一) 识读星三角降压起动控制电路

星三角降压起动控制电路由主电路和控制电路组成。按以下方法识读电路。

1. 识读主电路

(1) 识读负载。负载指消耗电能的用电器或电气设备,如电动机、电热器件等。先看清负载的数量、类别、用途、接线方式等。本电路的负载即用电器为一台三相交流异步电动机 M,采用交流接触器星三角降压起动控制方式。

(2) 识读主电路中的电气元件。识别各种电气元件在电路中的作用。本电路中的电气元件有控制电动机定子绕组星形连接的接触器 KM1 和 KM3、控制电动机定子绕组三角形连接的接触器 KM1 和 KM2、控制主电路电源接通和断开的电源开关 QF、对主电路进行短路保护的熔断器 FU1,以及对电动机进行热过载保护的热过载继电器 FR。

(3) 识读电源。识别电源的种类和电压等级,判别是直流电源还是交流电源。直流电源的电压等级有 660 V、220 V、110 V、24 V、12 V 等,交流电源的电压等级有 380 V、220 V、110 V、36 V、24 V 等,频率为 50 Hz。本电路的电源是 380 V 三相交流电。

2. 识读控制电路

(1) 识读控制电路电源。识别控制电路电源的种类和电压等级,本控制电路电源直接采用 380 V 交流电。

（2）按布局顺序从左到右、从上到下分析每条支路的工作原理。识别控制电路中的元器件、各元器件的作用及对主电路的控制关系。

星三角降压起动控制电路的组成及元器件功能的识读过程见表4-2-1。

表 4-2-1　星三角降压起动控制电路的组成及元器件功能的识读过程

项目	电路识读任务	电路组成	符 号	元器件功能	备 注
1	识读电源电路	断路器	QF	电源总开关	位于电路图上方
2	识读主电路	熔断器	FU1	主电路短路保护	位于电路图的左侧
		交流接触器主触点	KM1、KM2、KM3	控制电动机 M	
		三相笼型异步电动机	M	负载	
		热过载继电器	FR	电动机过载保护	
3	识读控制电路	熔断器	FU2	控制电路短路保护	位于电路图的右侧
		热过载继电器	FR	电动机过载保护	
		按钮	SB1	控制电路停止	
			SB2	控制星三角降压起动	
		时间继电器延时触点	KT	控制 KM3 和 KM2 线圈的切换	
		交流接触器线圈	KM1、KM2、KM3	控制接触器的吸合与释放，从而控制主电路通断	
		时间继电器线圈	KT	控制时间继电器的吸合与释放，从而控制延时触点的延时通断	

（二）分析星三角降压起动控制电路的工作原理

1. 电路工作过程分析

闭合电源总开关 QF。

星三角降压起动工作原理

（1）起动过程。合上开关 QF，按下起动按钮 SB2，接触器 KM1 线圈得电，KM1 主触点和常开辅助触点闭合，电动机 M 接通电源、接触器 KM3（Y）线圈得电，KM3（Y）主触点闭合，定子绕组连接成星形，电动机 M 降压起动；时间继电器 KT 通电延时 t s，KT 延时常闭辅助触点断开，KM3（Y）线圈失电，同时 KT 延时常开触点闭合，KM2（△）主触点闭合、常闭辅助触点断开，定子绕组连接成三角形，电动机 M 被加以额定电压正常运行、KT 线圈断电。

（2）停止过程。按下停止按钮 SB1，控制回路断电，接触器 KM1、KM2 线圈失电，主回路断开，电动机 M 停止运行。

2. 电路特点

（1）星形和三角形两种接线方式的切换要在很短的时间内完成，在控制电路中采用时间继电器定时自动切换。

（2）KM2、KM3 常闭触点为互锁触点，以防同时接成星形和三角形造成电源短路。

由于高电压电动机引出六个出线端子有困难，故星三角降压起动一般仅用于 500 V 以下的低压电动机，且仅限于正常运行时定子绕组作三角形连接的情形。星三角降压起动的优点是起动设备简单，成本低，运行比较可靠，维护方便，所以被广为应用。

（三）星三角降压起动控制电路元器件明细表

星三角降压起动控制电路元器件明细表见表 4-2-2。

表 4-2-2 星三角降压起动控制电路元器件明细表

序　号	元器件名称	数　量
1	断路器	1
2	熔断器	5
3	交流接触器	3
4	时间继电器	1
5	热过载继电器	1
6	三相笼型异步电动机	1
7	按钮	2
8	主电路导线（黄、绿、红）	若干
9	控制电路导线（黑）	若干

（四）星三角降压起动控制电路的安装与调试

1. 安装固定元器件

识读元器件布置图，选择合适的元器件。安装前应检查所选的元器件型号和规格是否符合控制要求；检查元器件质量是否符合要求，查看元器件外壳有无裂纹，接线柱是否生锈，零部件是否齐全；检查元器件动作是否灵活，线圈电压与电源电压是否相符。将元器件按照元器件布置图所示的位置安装到控制板上。星三角降压起动控制电路的元器件布置图如图 4-2-3 所示。

安装时各元器件的位置应排列整齐、均匀，间距合理，便于更换元器件；紧固时要用力均匀，紧固程度适当，防止用力过猛而损坏元器件。

2. 电路布线安装

根据电动机容量选择电路导线，按照安装接线图和电路原理图进行电路的布线安装。先安装主电路，再安装控制电路。布线安装的工艺要求与点动控制电路的布线安装工艺要求相同。

3. 电动机安装

（1）电动机绕组按星三角降压起动控制主电路连接，出线端接成三角形连接。

（2）安装电动机和按钮的金属外壳上的保护接地。

4. 自检

（1）检查布线。对照接线图检查是否存在掉线、错线，是否漏编或错编，接线是否牢固等。

（2）使用万用表检测电路的通断情况。一般选用万用表的"R×100Ω"挡位检测，断开 QF。

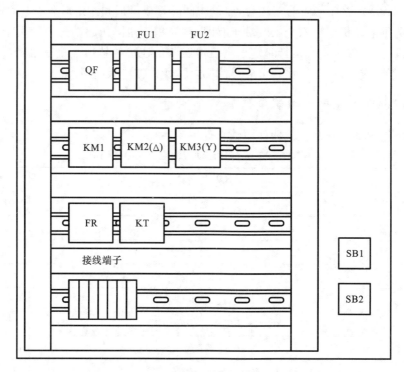

图 4-2-3　星三角降压起动控制电路的元器件布置图

① 检测主电路:取下 FU2 的熔体,切断控制电路,检测电源每相是否为通路,每相电源之间是否绝缘。将万用表的两支表笔分别搭接在 L11—L21、L11—L31 和 L21—L31 端子上,测量三相电源之间的阻值。未操作接触器之前,测得电阻值为∞,即每相电路为断路,绝缘良好;分别操作接触器 KM1、KM2、KM3,按下支架,应测得电动机一相绕组的直流电阻值,即每相电路为通路。

② 检测控制电路:装好 FU2 的熔体,将万用表两支表笔搭接在 L21—L31 端子的两端,测得电阻值为∞,即电路为断路。按下 SB2,应测得接触器 KM1 线圈的直流电阻值。

③ 检测自锁电路:松开 SB2,按下 KM1 的触头支架,应测得接触器 KM3 线圈的直流电阻值。

④ 检测停车控制:在按下 SB2 或按下 KM1 的触头支架测得接触器线圈直流电阻之后,若同时按下 SB1,则测得电阻值为∞,即电路由通到断。

安装完成的电路必须经过认真检测后才能通电试车,以避免错接、漏接造成不能正常运行或短路事故。

(五)通电调试与故障检修

通电调试分为空载试车(不接电动机)和负载试车(接电动机)两个环节。

经自检,确认安装的线路正确和无安全隐患后,在教师的监护下,按表 4-2-3 所示步骤通电调试。切记严格遵守安全操作规程,确保人身安全。

1. 空载试车

合上 QF,按下起动按钮 SB2,交流接触器 KM1、KM3 线圈和时间继电器 KT 线圈得电吸合,延时设定的时间之后 KM3 线圈失电,KM2 线圈得电,接触器触点吸合,按下停止按钮

SB1,控制回路断电,KM1 线圈和 KM2 线圈失电,接触器触点分断。检查线路动作情况是否正常,是否符合电路功能要求,检查电气元件动作是否灵活,有无卡阻或噪声,有无异味。

表 4-2-3　通电调试运行情况记录表

步骤	操作内容	观察内容	正确结果	观察结果	备注
1	旋转热继电器整定电流调整装置,将整定电流设定为 10 A(向右旋转为调大,向左旋转为调小)	整定电流值	10 A		整定电流为电动机额定电流的 0.95~1.05 倍
2	先连接电源,再合上断路器	电源插头断路器	已合闸		按顺序操作
3	按下起动按钮 SB2	接触器 KM1	线圈吸合		
		接触器 KM3	线圈吸合		
		时间继电器 KT	线圈吸合		
		电动机 M	降压起动		
4	KT 延时时间到	接触器 KM3	线圈释放		单手操作,注意安全
		接触器 KM2	线圈吸合		
		电动机 M	全压运行		
5	按下停止按钮 SB1	接触器 KM1	线圈释放		
		接触器 KM2	线圈释放		
		电动机 M	停转		
6	拉下断路器操作杆,拔下电源插头	断路器电源插头	已分断		按顺序操作

2. 负载试车

断开 QF,接好电动机连接线,合上 QF。按下起动按钮 SB2,接触器 KM1、KM3(Y)线圈和时间继电器线圈得电,定子绕组连接成星形,电动机 M 降压起动;时间继电器 KT 通电延时时间到,KM3(Y)线圈失电,KM2(△)主触点闭合,定子绕组连接成三角形,电动机 M 被加以额定电压正常运行、KT 线圈断电。按下停止按钮 SB1,控制回路断电,接触器 KM1、KM2(△)线圈失电,主回路断开,电动机 M 停止运行,断开 QF。

观察电动机能否正常按控制功能运转。检查线路是否正常工作。若在试车过程中发现异常现象,应及时断电停车,并记录故障现象,在排除故障之后再次通电试车,直到试车成功为止。

3. 通电试车注意事项

(1)未经教师允许,严禁私自通电试车。

(2)通电前先整理现场,清理无用的导线,保持现场干净、整洁。

(3)通电状态下,学生应当双脚站在绝缘垫上,用单手操作。

(4)通电试车完毕后,必须先切断电源方可离开现场。

4. 过载保护模拟

在实际工作中三相异步电动机星三角降压起动或全压运行发生过载或断相时,热继电器常闭触点断开,从而断开控制电路,使接触器线圈失电,主触点断开,进而使电动机停止运行。按照表 4-2-4 进行模拟操作,观察故障现象。

表 4-2-4 过载故障现象观察记录表

步骤	操作内容	理论故障现象	观察到的故障现象	备 注
1	先连接电源,再合上断路器	电动机 M 在运行过程中突然断电停转		已送电,注意安全
2	按下起动按钮 SB2			起动
3	按下热继电器 FR 的测试键			模拟过载
4	拉下断路器操作杆,拔下电源插头			注意安全

(六)故障分析

电动机星三角降压起动控制电路常见故障分析见表 4-2-5。

表 4-2-5 电动机星三角降压起动控制电路故障分析表

故障现象	故障原因	检测方法
电动机接成星形不能起动	①主电路故障:FU1 断路、KM1 和 KM3 主触点接触不良、主电路有断电、电动机 M 绕组故障。 ②控制电路故障:元器件损坏、元器件之间的连接导线断路	按下 SB2,观察 KM1、KM3 是否吸合。 ①若 KM1、KM3 都吸合,则为主电路故障,检查 FU1、KM1 及 KM3 主触点、电动机 M 绕组等。 ②若 KM1 或 KM3 不吸合,则用电阻测量法检查 FU2、KM1 和 KM3 控制回路各元器件的通断情况
电动机接成星形起动,不能转换为三角形运行	①主电路故障:KM2 主触点接触不良。 ②控制电路故障:KM2 控制回路 KM2 常闭辅助触点接触不良、KT 线圈损坏、KM2 线圈损坏等	按下 SB2,电动机 M 接成星形起动后,观察 KT 是否吸合。 ①若 KT 未吸合,则检查 KT 线圈。 ②若 KT 吸合,经过一段时间后,观察 KM3 是否释放,KM2 是否吸合。 ● 若 KM3 未释放,则检查 KM3 控制回路中的瞬时闭合延时断开触点的通断情况。 ● 若 KM3 释放,则观察 KM2 是否吸合。若未吸合,则检查 KM2 的常闭辅助触点;若吸合,则检查 KM2 的主触点
控制线路正常,电动机不能起动且有嗡嗡声	①电源缺相。 ②电动机定子绕组断路或绕组匝间短路。 ③定子、转子气隙中灰尘、油污过多,将转子抱住。 ④接触器主触点接触不良,使电动机单相运行	①主电路的检测:检测方法参看前文中的"检测主电路"。 ②电动机的检测:用钳形电流表测量电动机三相电流是否平衡;断开 QF,用万用表电阻挡测量绕组是否断路

项目 5　三相异步电动机制动和调速控制电路的安装与调试

【工作任务】

(1) 反接制动控制电路的安装与调试。

(2) 能耗制动控制电路的安装与调试。

(3) 双速电动机控制电路的安装与调试。

【知识目标】

(1) 能够正确分析三相异步电动机制动控制电路的工作原理。

(2) 能够正确分析双速电动机控制电路的工作原理。

【能力目标】

(1) 会识读制动控制和调速控制电路图和布置图,会分析电路工作原理,并绘制模拟接线图。

(2) 会按照板前布线工艺要求,根据电路图正确安装与调试制动控制电路和调速控制电路。

(3) 能检查并排除制动控制电路和调速控制电路的故障。

【素养目标】

(1) 遵循标准,规范操作。

(2) 工作细致,态度认真。

(3) 团队协作,有创新精神。

任务 5.1　反接制动控制电路的安装与调试

【任务目标】

(1) 能够分析三相异步电动机反接制动控制电路的工作原理。

(2) 能安装与调试三相异步电动机反接制动控制电路。

(3) 会诊断三相异步电动机反接制动控制电路的故障并进行检修。

(4) 会检测、分析与排除电路中的故障。

【任务描述】

本任务是安装与调试三相异步电动机反接制动控制电路。要求电路实现电动机反接制动控制功能:按下起动按钮,电动机起动运行;按下停止按钮,电动机制动,转速下降到接近零时,切断反相序电源,电动机停转。

【相关知识】

一、机械制动

在切断电动机电源后,利用机械装置使三相笼型异步电动机快速准确地停车的制动方法称为机械制动。常用的机械制动装置有电磁抱闸和电磁离合器两种。

电磁抱闸的基本结构如图 5-1-1 所示,它的主要工作部分是电磁铁和闸瓦制动器。电动机的电磁抱闸制动控制线路如图 5-1-2 所示。

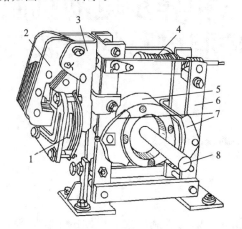

图 5-1-1　电磁抱闸的基本结构

1—线圈;2—衔铁;3—铁芯;4—弹簧;5—闸轮;6—杠杆;7—闸瓦;8—轴

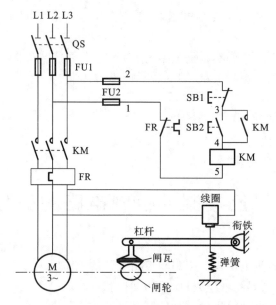

图 5-1-2　电动机的电磁抱闸制动控制线路

1. 电磁抱闸控制电路的工作过程

(1)起动过程:合上电源开关 QS,按下起动按钮 SB2,接触器 KM 线圈通电,其自锁触头和主触头闭合,电动机 M 得电;同时,抱闸电磁线圈通电,电磁铁产生磁场力吸合衔铁,带动制动杠杆动作,推动闸瓦松开闸轮,电动机起动运转。

(2)停止过程:按下停止按钮 SB1,接触器 KM 线圈断电,电动机绕组和电磁抱闸线圈同时断电,电磁铁衔铁释放,弹簧的弹力使闸瓦紧紧抱住闸轮,电动机立即停止转动。

2. 电磁抱闸控制电路的特点

电磁抱闸控制电路中的抱闸电磁线圈断电时制动闸处于"抱住"状态。

3. 适用场合

电磁抱闸控制适用于升降机械设备的制动,防止在发生电路断电或电气故障时重物自行下落。

二、制动电阻

反接制动时,制动电流约为电动机额定电流的 10 倍,因此制动时需要在定子绕组中串入电阻,以限制反接制动电流。

(1) 制动电阻值的确定。制动电阻值可以采用以下经验公式确定。

$$R=(1.3\sim1.5)\times220/I_{\mathrm{ST}}$$

式中:I_{ST}——电动机全压起动电流(A),取其额定电流的 4~7 倍。

(2) 制动电阻功率的确定。制动电阻功率可以采用以下经验公式确定。

$$P=1/3I_{\mathrm{N}}^2R$$

式中:I_{N}——电动机的额定电流(A)。

三、三相异步电动机反接制动控制

切断电源后,由于惯性的作用,正在运行的电动机会继续运行一段时间才能完全停止,在要求迅速、准确地停车的场合,需要对电动机进行强迫制动。三相笼型异步电动机的制动方法分为机械制动和电气制动两大类。

反接制动是将运动中的电动机电源反接(即将任意两根相线接法对调),以改变电动机定子绕组的电源相序,使定子绕组产生反向的旋转磁场,从而使转子受到与原旋转方向相反的制动力矩而迅速停转。

反接制动适用于要求制动迅速,制动不频繁(如各种机床的主轴制动)的场合。容量较大(4.5 kW 以上)的电动机采用反接制动时,须在主回路中串联限流电阻。但是,由于反接制动时振动和冲击力较大,会影响机床的精度,所以使用时受到一定限制。反接制动的关键是电动机电源相序的改变,且当转速下降到接近于零时,应能自动将反向电源切除,防止反向再起动。

由于反接制动电流较大,在制动时必须在电动机每相定子绕组中串接一定的电阻,以限制反接制动电流,反接制动电阻的接法有对称电阻接法和不对称电阻接法两种,三相异步电动机对称电阻反接制动控制电路如图 5-1-3 所示。

(一) 识读反接制动控制电路

反接制动控制电路由主电路和控制电路组成。按以下方法识读电路。

1. 识读主电路

(1) 识读负载。负载指消耗电能的用电器或电气设备,如电动机、电热器件等。看清负载的数量、类别、用途、接线方式等。

(2) 识读主电路中的电气元件。识别各种电气元件在电路中的作用。本电路中的电气元件有控制电动机的接触器 KM、控制主电路电源接通和断开的电源开关 QF、对主电路进行短路保护的熔断器 FU、限制反接制动电流的电阻 R、检测电动机速度的速度继电器 KS,以及对电动机进行热过载保护的热过载继电器 FR。

(3) 识读电源。识别电源的种类和电压等级,判别是直流电源还是交流电源。直流电源

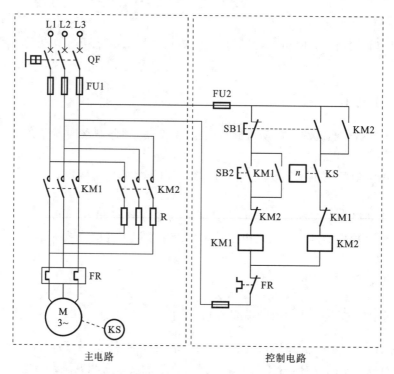

图 5-1-3　三相异步电动机对称电阻反接制动控制电路

的电压等级有 660 V、220 V、110 V、24 V、12 V 等,交流电源的电压等级有 380 V、220 V、110 V、36 V、24 V 等,频率为 50 Hz。本电路的电源是 380 V 三相交流电。

2. 识读控制电路

(1) 识读控制电路电源。识别控制电路电源的种类和电压等级,本控制电路电源直接采用 380 V 交流电。

(2) 按布局顺序从左到右、从上到下分析每条支路的工作原理。识别控制电路中的元器件、各元器件的作用及对主电路的控制关系。

反接制动控制电路的组成及元器件功能的识读过程见表 5-1-1。

表 5-1-1　反接制动控制电路的组成及元器件功能的识读过程

项目	电路识读任务	电路组成	符　号	元器件功能	备　　注
1	识读电源电路	断路器	QF	电源总开关	位于电路图上方
2	识读主电路	熔断器	FU1	主电路短路保护	位于电路图的左侧
		交流接触器主触点	KM1、KM2	控制电动机 M	
		三相笼型异步电动机	M	负载	
		热过载继电器	FR	电动机过载保护	
		速度继电器	KS	检测电动机速度	
		制动电阻	R	限流	

续表

项目	电路识读任务	电路组成	符　号	元器件功能	备　　注
3	识读控制电路	熔断器	FU2	控制电路短路保护	位于电路图的右侧
		热过载继电器	FR	电动机过载保护	
		按钮	SB1	控制反接制动	
			SB2	控制电路起动	
		速度继电器触点	KS	反接制动准备	
		交流接触器线圈	KM1、KM2	控制接触器的吸合与释放，从而控制主电路通断	

（二）分析反接制动控制电路的工作原理

1. 电路工作过程分析

闭合电源开关 QF。

（1）按下起动按钮 SB2→KM1 线圈通电吸合→电动机 M 起动运转。电动机正常运行转速在 120 r/min 以上时，速度继电器 KS 的常开触点闭合，为反接制动做准备。

（2）电动机需要制动时，按下反接制动停止按钮 SB1→KM1 线圈断电释放→电动机定子绕组脱离三相电源→电动机 M 因惯性仍以很高速度旋转→速度继电器 KS 常开触点仍保持闭合。

（3）将停止按钮 SB1 按到底→SB1 常开触点闭合→KM2 通电并自锁，电动机定子串接电阻接上反相序电源→电动机 M 进入反接制动状态→电动机 M 转速迅速下降，当电动机 M 转速接近 120 r/min 时，速度继电器 KS 常开触点复位→KM2 线圈断电→电动机 M 断电→反接制动结束。

断开电源开关 QF。

2. 电路特点

（1）制动迅速，设备简单。

（2）制动力矩较大，冲击强烈，易损坏传动部件，准确度不高。适用于 10 kW 以下小容量电动机，制动要求迅速、系统惯性大、不经常起动与制动的设备，如铣床、车床等的主轴的制动控制。

（三）反接制动控制电路元器件明细表

反接制动控制电路元器件明细表见表 5-1-2。

表 5-1-2　反接制动控制电路元器件明细表

序　号	元器件名称	数　量
1	断路器	1
2	熔断器	5
3	交流接触器	2
4	热过载继电器	1

序　号	元器件名称	数　量
5	速度继电器	1
6	电阻器	3
7	三相笼型异步电动机	1
8	按钮	2
9	主电路导线（黄、绿、红）	若干
10	控制电路导线（黑）	若干

（四）反接制动控制电路的安装与调试

1. 安装固定元器件

识读元器件布置图，选择合适的元器件。安装前应检查所选的元器件型号和规格是否符合控制要求；检查元器件质量是否符合要求，查看元器件外壳有无裂纹，接线柱是否生锈，零部件是否齐全；检查元器件动作是否灵活，线圈电压与电源电压是否相符。将元器件按照元器件布置图所示的位置安装到控制板上。反接制动控制电路的元器件布置图如图 5-1-4 所示。

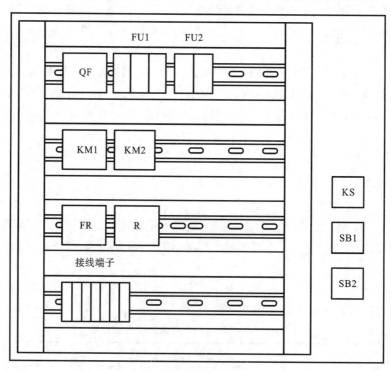

图 5-1-4　反接制动控制电路的元器件布置图

安装时各元器件的位置应排列整齐、均匀，间距合理，便于更换元器件；紧固时要用力均匀，紧固程度适当，防止用力过猛而损坏元器件。

2. 电路布线安装

根据电动机容量选择电路导线，按照安装接线图和电路原理图进行电路的布线安装。先安装主电路,再安装控制电路。布线安装的工艺要求与点动控制电路的布线安装工艺要求相同。

3. 电动机安装

(1) 电动机绕组按反接制动控制主电路连接,出线端接成三角形连接。

(2) 安装电动机和按钮的金属外壳上的保护接地。

4. 自检

(1) 检查布线。对照接线图检查是否存在掉线、错线,是否漏编或错编,接线是否牢固等。

(2) 使用万用表检测电路的通断情况。一般选用万用表的"R×100Ω"挡位检测,断开 QF。

① 检测主电路:取下 FU2 的熔体,切断控制电路,检测电源每相是否为通路,每相电源之间是否绝缘。将万用表的两支表笔分别搭接在 L11—L21、L11—L31 和 L21—L31 端子上,测量三相电源之间的阻值。未操作接触器之前,测得电阻值为∞,即每相电路为断路,绝缘良好;分别操作接触器 KM1、KM2,按下支架,应测得电动机一相绕组的直流电阻值和电动机一相绕组的直流电阻值与制动电阻值之和,即每相电路为通路。

② 检测控制电路:装好 FU2 的熔体,将万用表两支表笔搭接在 L21—L31 端子的两端,测得电阻值为∞,即电路为断路;按下 SB2,应测得接触器 KM1 线圈的直流电阻值。

③ 检测自锁电路:松开 SB2,按下接触器 KM1 的触头支架,应测得接触器 KM1 线圈的直流电阻值。

④ 检测停车控制:在按下 SB2 或按下 KM1 的触头支架测得接触器 KM1 线圈的直流电阻之后,若同时按下 SB1,则测得电阻值为∞,即电路由通到断。

安装完成的电路必须经过认真检测后才能通电试车,以避免错接、漏接造成不能正常运行或短路事故。

(五) 通 电 调 试 与 故 障 检 修

通电调试分为空载试车(不接电动机)和负载试车(接电动机)两个环节。

经自检,确认安装的线路正确和无安全隐患后,在教师的监护下,按表 5-1-3 所示步骤通电调试。切记严格遵守安全操作规程,确保人身安全。

1. 空载试车

合上 QF,按下起动按钮 SB2,交流接触器 KM1 线圈得电吸合;按下停止按钮 SB1,KM1 线圈失电释放,将 SB1 按钮按到底,KM2 线圈得电吸合,电路接入反接制动。检查线路动作情况是否正常,是否符合电路功能要求,检查电气元件动作是否灵活,有无卡阻或噪声,有无异味。

2. 负载试车

断开 QF,接好电动机连接线,合上 QF。按下起动按钮 SB2,交流接触器 KM1 线圈得电吸合,电动机 M 起动运行,速度继电器 KS 运行;按下停止按钮 SB1,KM1 线圈失电释放,将 SB1 按钮按到底,KM2 线圈得电吸合,电路接入反接制动,速度继电器 KS 常开触点闭合,KM2 线圈失电释放,电动机停止运行。

观察电动机能否正常按控制功能运转。检查线路是否正常工作。若在试车过程中发现异常现象,应及时断电停车,并记录故障现象,在排除故障之后再次通电试车,直到试车成功为止。

表 5-1-3 通电调试运行情况记录表

步骤	操作内容	观察内容	正确结果	观察结果	备注
1	旋转热继电器整定电流调整装置,将整定电流设定为 10 A(向右旋转为调大,向左旋转为调小)	整定电流值	10 A		整定电流为电动机额定电流的 0.95～1.05 倍
2	先连接电源,再合上断路器	电源插头断路器	已合闸		按顺序操作
3	按下起动按钮 SB2	接触器 KM1	线圈吸合		单手操作,注意安全
		速度继电器 KS	运行		
		电动机 M	起动运行		
4	按下停止按钮 SB1	接触器 KM1	线圈释放		
		接触器 KM2	线圈先吸合后释放		
		电动机 M	停转		
5	拉下断路器操作杆,拔下电源插头	断路器电源插头	已分断		按顺序操作

3. 通电试车注意事项

(1)未经教师允许,严禁私自通电试车。

(2)通电前先整理现场,清理无用的导线,保持现场干净、整洁。

(3)通电状态下,学生应当双脚站在绝缘垫上,用单手操作。

(4)通电试车完毕后,必须先切断电源方可离开现场。

4. 过载保护模拟

在实际工作中三相异步电动机反接制动运行发生过载或断相时,热继电器常闭触点断开,从而断开控制电路,使接触器线圈失电,主触点断开,进而使电动机停止运行。按照表 5-1-4 进行模拟操作,观察故障现象。

表 5-1-4 过载故障现象观察记录表

步骤	操作内容	理论故障现象	观察到的故障现象	备注
1	先连接电源,再合上断路器	电动机 M 在运行过程中突然断电停转		已送电,注意安全
2	按下起动按钮 SB2			起动
3	按下热继电器 FR 的测试键			模拟过载
4	拉下断路器操作杆,拔下电源插头			注意安全

(六)故障分析

电动机反接制动控制电路常见故障分析见表 5-1-5。

表 5-1-5　电动机反接制动控制电路故障分析表

故障现象	故障原因	检测方法
电动机不能正常起动	①元器件损坏。②元器件之间的连接导线断路	利用电阻测量法检查元器件和元器件之间的连接导线通断情况:断开 QF,用万用表的电阻挡,将一支表笔搭接在 FU2 的上端,用另一支表笔沿着回路依次检测通断情况
电动机不能正常制动	①速度继电器的弹性动触片调整不当。②元器件损坏。③元器件之间连接导线断路	利用电阻测量法检查元器件和元器件之间的连接导线通断情况:断开 QF,用万用表的电阻挡,将一支表笔搭接在 SB1 的上端,用另一支表笔沿着回路依次检测通断情况
电动机点动运行	①接触器常开辅助触点接触不良。②自锁回路断路	利用电阻测量法检查元器件和元器件之间的连接导线通断情况:断开 QF,用万用表的电阻挡,将一支表笔搭接在 SB2 的下端,按下 KM1 的触头支架,用另一支表笔沿着回路依次检测通断情况
控制线路正常,电动机不能起动且有嗡嗡声	①电源缺相。②电动机定子绕组断路或绕组匝间短路。③定子、转子气隙中灰尘、油污过多,将转子抱住。④接触器主触点接触不良,使电动机单相运行	①主电路的检测:检测方法参看前文中的"检测主电路"。②电动机的检测:用钳形电流表测量电动机三相电流是否平衡;断开 QF,用万用表电阻挡测量绕组是否断路

任务 5.2　能耗制动控制电路的安装与调试

【任务目标】

(1)能够分析三相异步电动机能耗制动控制电路的工作原理。

(2)能安装与调试三相异步电动机能耗制动控制电路。

(3)会诊断三相异步电动机能耗制动控制电路的故障并进行检修。

(4)会检测、分析与排除电路中的故障。

【任务描述】

本任务是安装与调试三相异步电动机能耗制动控制电路。要求电路实现电动机能耗制动控制功能;按下起动按钮,电动机起动运行;按下停止按钮,电动机制动,转速下降到接近零时,切断直流电源,电动机停转。

【相关知识】

一、能耗制动

能耗制动就是将运行中的电动机,从交流电源上切除并立即接通直流电源,在定子绕组接通直流电源时,直流电流会在定子内产生一个静止的直流磁场,转子因惯性在磁场内旋转,并在转子导体中产生感应电流,该感应电流与静止磁场相互作用消耗电动机转子惯性能量,产生制动力矩,使电动机迅速减速,最后停止转动。

能耗制动的优点是能耗小,制动电流小,制动准确度较高,制动转矩平滑;缺点是需直流电源整流装置,设备费用高,制动力弱,制动转矩与转速成比例减小。能耗制动适用于电动机能量较大,要求制动平稳、制动频繁以及停车位准确的场合。能耗制动是一种应用很广泛的电气制动方法,常用于铣床、龙门刨床及组合机床的主轴定位等。

二、按速度原则控制的可逆运行能耗制动电路

按速度原则控制的可逆运行能耗制动控制电路如图 5-2-1 所示。

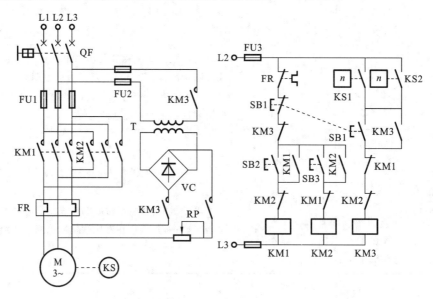

图 5-2-1 按速度原则控制的可逆运行能耗制动控制电路

对该电路的工作过程分析如下。

(1)正向工作过程:接通断路器 QF→按下起动按钮 SB2→接触器 KM1 得电→电动机 M 正向起动运行→当正向转速 n 大于 120 r/min 时 KS1 闭合。

(2)正向工作停止:按下(停止)按钮 SB1,其常闭触头先断开→KM1 线圈失电→惯性使 KS1 仍闭合→在 SB1 的常开触头闭合时 KM3 线圈得电自锁→电动机 M 定子绕组通入直流电进行能耗制动→电动机 M 的旋转速度迅速下降→当正向旋转速度小于 100 r/min 时 KS1 断开→KM3 线圈失电→能耗制动结束。

(3)反向工作过程:接通断路器 QF→按下起动按钮 SB3→KM2 线圈通电自锁→电动机 M 反向起动运行→当反向旋转速度 n 大于 120 r/min 时 KS2 闭合。

(4)反向工作停止:按下(停止)按钮 SB1,其常闭触头先断开→KM2 线圈失电→惯性使 KS2 仍闭合→在 SB1 的常开触头闭合时 KM3 线圈得电自锁→电动机 M 定子绕组通入直流电进行能耗制动→电动机 M 的旋转速度迅速下降→当反向旋转速度小于 100 r/min 时 KS2 复位断开→KM3 线圈失电→能耗制动结束。

三、按时间原则控制的单向运行能耗制动电路

按时间原则控制的单向运行能耗制动控制电路如图 5-2-2 所示。图中 KM1 为单向运行

接触器，KM2 为能耗制动接触器，TC 为整流变压器，UR 为桥式整流电路，KT 为时间继电器，RP 为电位器。

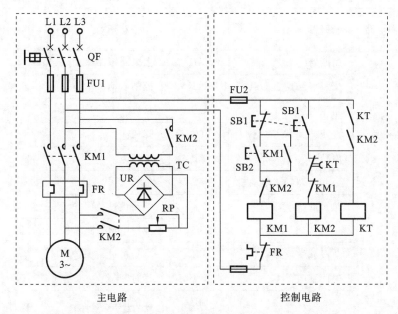

图 5-2-2　按时间原则控制的单向运行能耗制动控制电路

（一）识读能耗制动控制电路

能耗制动控制电路由主电路和控制电路组成。按以下方法识读电路。

1. 识读主电路

（1）识读负载。负载指消耗电能的用电器或电气设备，如电动机、电热器件等。看清负载的数量、类别、用途、接线方式等。

（2）识读主电路中的电气元件。识别各种电气元件在电路中的作用。本电路中的电气元件有控制电动机的接触器 KM1、控制主电路接入直流电源的接触器 KM2、控制主电路电源接通和断开的电源开关 QF、对主电路进行短路保护的熔断器 FU1、对电动机进行热过载保护的热过载继电器 FR、整流变压器 TC、桥式整流电路 UR 以及电位器 RP。

（3）识读电源。识别电源的种类和电压等级，判别是直流电源还是交流电源。直流电源的电压等级有 660 V、220 V、110 V、24 V、12 V 等，交流电源的电压等级有 380 V、220 V、110 V、36 V、24 V 等，频率为 50 Hz。本电路的电源是 380 V 三相交流电。

2. 识读控制电路

（1）识读控制电路电源。识别控制电路电源的种类和电压等级，本控制电路电源直接采用 380 V 交流电。

（2）按布局顺序从左到右、从上到下分析每条支路的工作原理。识别控制电路中的元器件、各元器件的作用及对主电路的控制关系。

按时间原则控制的单相运行能耗制动控制电路的组成及元器件功能的识读过程见表5-2-1。

表 5-2-1　能耗制动控制电路的组成及元器件功能的识读过程

项目	电路识读任务	电路组成	符号	元器件功能	备　注
1	识读电源电路	断路器	QF	电源总开关	位于电路图上方
2	识读主电路	熔断器	FU1	主电路短路保护	位于电路图的左侧
		交流接触器主触点	KM1、KM2	控制电动机 M	
		整流桥	UR	整流	
		变压器	TC	降压	
		电位器	RP	可调电阻	
		三相笼型异步电动机	M	负载	
		热过载继电器	FR	电动机过载保护	
3	识读控制电路	熔断器	FU2	控制电路短路保护	位于电路图的右侧
		热过载继电器	FR	电动机过载保护	
		时间继电器	KT	延时	
		按钮	SB1	控制能耗制动	
			SB2	控制电路起动	
		交流接触器线圈	KM1、KM2	控制接触器的吸合与释放，从而控制主电路通断	

（二）分析能耗制动控制电路的工作原理

能耗制动
控制原理

1．电路工作过程分析

（1）起动过程：接通断路器 QF→按下起动按钮 SB2→接触器 KM1 线圈得电→电动机 M 起动运行。

（2）制动过程：在电动机单向正常运行时，按下复合（停止）按钮 SB1→SB1 的常闭触头断开→KM1 线圈失电→电动机定子切断三相电源；SB1 的常开触头闭合→KM2、KT 线圈同时得电→KM2 主触点接通→两相定子绕组接入直流电源，电动机进行能耗制动。

（3）停止过程：当能耗制动达到时间继电器 KT 的延时设定值时，延时动断触点 KT 断开→交流接触器 KM2 线圈失电→KM2 主触点断开→断开直流电源→能耗制动结束。同时，KM2 常开辅助触点断开→时间继电器 KT 线圈失电→KT 延时动断触点复位闭合，为下次起动做好准备。

2．电路特点

（1）主电路中的电位器 RP 用于调节制动电流的大小；能耗制动结束，应及时切除直流电源。

（2）KM2 常开辅助触点上方应串接 KT 瞬动常开触点，防止 KT 出故障时其通电延时常闭触点无法断开，致使 KM2 不能失电，进而导致电动机定子绕组长期通入直流电。

（三）能耗制动控制电路元器件明细表

能耗制动控制电路元器件明细表见表 5-2-2。

表 5-2-2　能耗制动控制电路元器件明细表

序　号	元器件名称	数　量
1	断路器	1
2	熔断器	5
3	交流接触器	2
4	整流桥	1
5	变压器	1
6	电位器	1
7	热过载继电器	1
8	时间继电器	1
9	三相笼型异步电动机	1
10	按钮	2
11	主电路导线（黄、绿、红）	若干
12	控制电路导线（黑）	若干

（四）能耗制动控制电路的安装与调试

1. 安装固定元器件

识读元器件布置图，选择合适的元器件。安装前应检查所选的元器件型号和规格是否符合控制要求；检查元器件质量是否符合要求，查看元器件外壳有无裂纹，接线柱是否生锈，零部件是否齐全；检查元器件动作是否灵活，线圈电压与电源电压是否相符。将元器件按照元器件布置图所示的位置安装到控制板上。能耗制动控制电路的元器件布置图如图 5-2-3 所示。

安装时各元器件的位置应排列整齐、均匀，间距合理，便于更换元器件；紧固时要用力均匀，紧固程度适当，防止用力过猛而损坏元器件。

2. 电路布线安装

根据电动机容量选择电路导线，按照安装接线图和电路原理图进行电路的布线安装。先安装主电路，再安装控制电路。布线安装的工艺要求与点动控制电路的布线安装工艺要求相同。

3. 电动机安装

（1）电动机绕组按能耗制动控制主电路连接，出线端接成三角形连接。

（2）安装电动机和按钮的金属外壳上的保护接地。

4. 自检

（1）检查布线。对照接线图检查是否存在掉线、错线，是否漏编或错编，接线是否牢固等。

（2）使用万用表检测电路的通断情况。一般选用万用表的"R×100Ω"挡位检测，断开 QF。

① 检测主电路：取下 FU2 的熔体，切断控制电路，检测电源每相是否为通路，每相电源之间是否绝缘。将万用表的两支表笔分别搭接在 L11—L21、L11—L31 和 L21—L31 端子上，测

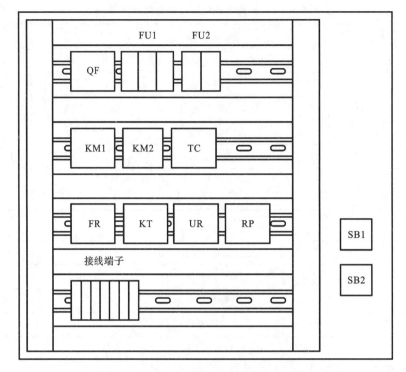

图 5-2-3　能耗制动控制电路的元器件布置图

量三相电源之间的阻值。未操作接触器之前,测得电阻值为∞,即每相电路为断路,绝缘良好;操作接触器 KM1,按下支架,应测得电动机一相绕组的直流电阻值,即每相电路为通路。

② 检测控制电路:装好 FU2 的熔体,将万用表两支表笔搭接在 FU2(0-1)两端,测得电阻值为∞,即电路为断路;分别按下 SB1 和 SB2,应分别测得接触器 KM2、KM1 线圈的直流电阻值。

③ 检测自锁电路:松开 SB2,按下接触器 KM1、KM2 的触头支架,应测得接触器线圈的直流电阻值。

④ 检测停车控制:在按下 SB2 或 KM1 的触头支架测得接触器 KM1 线圈的直流电阻之后,若同时按下 SB1,则测得 KM2 线圈的直流电阻值,即电路由通到断。

安装完成的电路必须经过认真检测后才能通电试车,以避免错接、漏接造成不能正常运行或短路事故。

（五）通电调试与故障检修

通电调试分为空载试车(不接电动机)和负载试车(接电动机)两个环节。

经自检,确认安装的线路正确和无安全隐患后,在教师的监护下,按表 5-2-3 所示步骤通电调试。切记严格遵守安全操作规程,确保人身安全。

1. 空载试车

合上 QF,按下起动按钮 SB2,交流接触器 KM1 线圈得电吸合;按下停止按钮 SB1,KM1 线圈失电释放,将 SB1 按钮按到底,KM2 线圈得电吸合,电路接入能耗制动,时间继电器 KT 线圈得电吸合,延时时间到,KM2 线圈失电释放。检查线路动作情况是否正常,是否符合电路功能要求,检查电气元件动作是否灵活,有无卡阻或噪声,有无异味。

表 5-2-3　通电调试运行情况记录表

步骤	操作内容	观察内容	正确结果	观察结果	备 注
1	旋转热继电器整定电流调整装置,将整定电流设定为 10 A(向右旋转为调大,向左旋转为调小)	整定电流值	10 A		整定电流为电动机额定电流的 0.95～1.05 倍
2	先连接电源,再合上断路器	电源插头断路器	已合闸		按顺序操作
3	按下起动按钮 SB2	接触器 KM1	线圈吸合		单手操作,注意安全
		电动机 M	起动运行		
4	按下停止按钮 SB1	接触器 KM1	线圈释放		
		接触器 KM2	线圈先吸合后释放		
		电动机 M	停转		
5	拉下断路器操作杆,拔下电源插头	断路器电源插头	已分断		按顺序操作

2. 负载试车

断开 QF,接好电动机连接线,合上 QF。按下起动按钮 SB2,交流接触器 KM1 线圈得电吸合,电动机起动运行;按下停止按钮 SB1,KM1 线圈失电释放,将 SB1 按钮按到底,KM2 线圈得电吸合,电路接入能耗制动,时间继电器 KT 延时断开常闭触点断开,KM2 线圈失电释放,电动机停止运行。

观察电动机能否正常按控制功能运转,检查线路是否正常工作。若在试车过程中发现异常现象,应及时断电停车,并记录故障现象,在排除故障之后再次通电试车,直到试车成功为止。

3. 通电试车注意事项

(1)未经教师允许,严禁私自通电试车。

(2)通电前先整理现场,清理无用的导线,保持现场干净、整洁。

(3)通电状态下,学生应当双脚站在绝缘垫上,用单手操作。

(4)通电试车完毕后,必须先切断电源方可离开现场。

4. 过载保护模拟

在实际工作中三相异步电动机能耗制动运行发生过载或断相时,热继电器常闭触点断开,从而断开控制电路,使接触器线圈失电,主触点断开,进而使电动机停止运行。按照表 5-2-4 进行模拟操作,观察故障现象。

表 5-2-4　过载故障现象观察记录表

步骤	操作内容	理论故障现象	观察到的故障现象	备 注
1	先连接电源,再合上断路器	电动机 M 在运行过程中突然断电停转		已送电,注意安全
2	按下起动按钮 SB2			起动
3	按下热继电器 FR 的测试键			模拟过载
4	拉下断路器操作杆,拔下电源插头			注意安全

（六）故障分析

电动机能耗制动控制电路常见故障分析见表 5-2-5。

表 5-2-5 电动机能耗制动控制电路故障分析表

故障现象	故障原因	检测方法
电动机不能正常起动	①元器件损坏。 ②元器件之间的连接导线断路	利用电阻测量法检查元器件和元器件之间的连接导线通断情况:断开 QF,用万用表的电阻挡,将一支表笔搭接在 FU2 的上端,用另一支表笔沿着回路依次检测通断情况
电动机不能正常制动	①元器件损坏。 ②元器件之间连接导线断路	利用电阻测量法检查元器件和元器件之间的连接导线通断情况:断开 QF,用万用表的电阻挡,将一支表笔搭接在 SB1 的上端,用另一支表笔沿着回路依次检测通断情况
控制线路正常,电动机不能起动且有嗡嗡声	①电源缺相。 ②电动机定子绕组断路或绕组匝间短路。 ③定子、转子气隙中灰尘、油污过多,将转子抱住。 ④接触器主触点接触不良,使电动机单相运行	①主电路的检测:检测方法参看前文中的"检测主电路"。 ②电动机的检测:用钳形电流表测量电动机三相电流是否平衡;断开 QF,用万用表电阻挡测量绕组是否断路

任务5.3 双速电动机控制电路的安装与调试

【任务目标】

（1）了解双速电动机的工作原理。

（2）掌握双速电动机的接线及调速方法。

（3）能够分析双速电动机控制电路的工作原理。

（4）能安装与调试双速电动机控制电路。

（5）会诊断双速电动机控制电路的故障并进行检修。

【任务描述】

本任务是安装与调试双速电动机控制电路。要求电路实现双速电动机的运行控制功能,即实现电动机低速和高速运行切换。

【相关知识】

一、电动机调速

有些机床如镗床和万能外圆磨床的主轴,要求有较宽的调速范围,以适应加工精度的要求,采用了双速电动机。双速电动机指采用不同的定子绕组接法,得到两种不同的转速,即低速和高速运行的电动机。

根据公式 $n_1 = 60f/p$ 可知三相异步电动机的同步转速 n_1 与磁极对数 p 成反比,磁极对数增加一倍,同步转速 n_1 下降至原转速的一半,电动机额定转速 n 也将下降近一半,因此改变三相异步电动机的磁极对数可以改变电动机转速。改变定子绕组的连接方法可改变定子旋转磁场的磁极对数,从而改变电动机的转速。双速电动机的原理即电动机变极调速,分为倍极调速(2/4,4/8)和非倍极调速(如 4/6,6/8)两大类。

　　常见的交流变极调速电动机有双速电动机和多速电动机。多速异步电动机有三速、四速等。双速电动机定子绕组常见的接法有 Y/YY 和 △/YY 两种。图 5-3-1 所示为 4/2 极 △/YY 双速电动机定子绕组接线图。在制造时每相绕组就已分为两个相同的绕组,中间抽头依次为 U2、V2、W2,这两个绕组可以串联或并联。

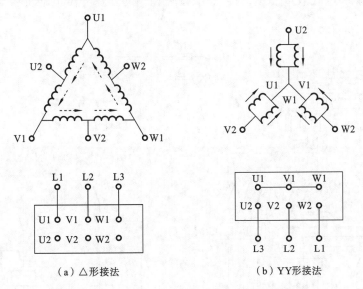

（a）△形接法　　　　　　（b）YY形接法

图 5-3-1　4/2 极△/YY 双速电动机定子绕组接线图

二、变极调速原理

　　变极调速原理为"定子一半绕组中电流方向变化,磁极对数成倍变化"。图 5-3-1(a)中将绕组的 U1、V1、W1 三个端子接三相电源,将 U2、V2、W2 三个端子悬空,三相定子绕组接成三角形(△)。这时每相的两个绕组串联,电动机以 4 极运行,如图 5-3-2 所示。电动机的实际转速为每分钟 1450 转左右,为低速。图 5-3-1(b)中将 U2、V2、W2 三个端子接三相电源,将 U1、V1、W1 连成一点,三相定子绕组连接成双星(YY)形。这时每相两个绕组并联,电动机以 2 极运行,如图 5-3-3 所示。电动机转速为每分钟 2900 转左右,为高速。根据变极调速理论,为保证变极前后电动机转动方向不变,要求变极的同时改变电源相序。

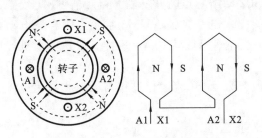

图 5-3-2　$2p=4$ 的绕组和极数

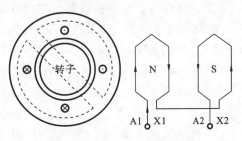

图 5-3-3　$2p=2$ 的绕组和极数

三、4/2 极双速异步电动机手动控制调速电路

双速异步电动机的手动调速控制电路用两个复合按钮 SB1 和 SB2 分别控制低速和高速运行的切换。主电路用一台接触器 KM1 控制电动机定子绕组接成三角形低速运行线路,用两台接触器 KM2、KM3 接成双星形高速运行线路,KM2 用于电源 L1 和 L3 换相,保证调速后电动机同方向运行。控制电路用复合按钮实现机械互锁,接触器的常闭辅助触点实现电气互锁,电路采用机械和电气双重互锁。接触器、按钮控制的双速异步电动机手动调速电路如图 5-3-4 所示。

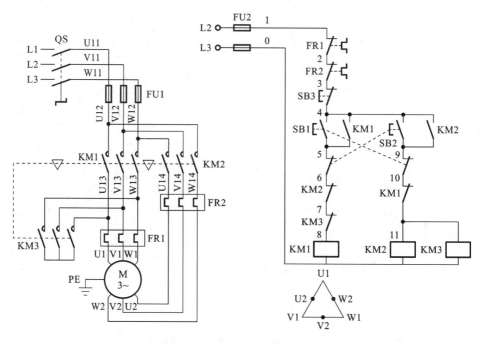

图 5-3-4　接触器、按钮控制的双速异步电动机手动调速电路图

1. 电路工作过程分析

(1) 低速起动运行。合上电源开关 QS,按下低速起动按钮 SB1→SB1 动断触点断开→断开接触器 KM2 和 KM3 线圈回路;SB1 动合触点闭合→接触器 KM1 线圈通电并自锁→KM1 主触点闭合→双速电动机的 U1、V1、W1 端子接入三相电源(U2、V2、W2 端子悬空)→定子绕组接成△形连接→电动机低速起动运行。

(2) 高速运行。按下高速运行按钮 SB2→SB2 动断触点断开→断开接触器 KM1 线圈回路;SB2 动合触点闭合→接触器 KM2 和 KM3 线圈通电并自锁→KM2 主触点闭合→电动机相序换相,改变为 W2、V2、U2,同时 KM3 主触点闭合将 U1、V1、W1 短接→双速电动机接成 YY 形连接→电动机高速运行。

(3) 低速和高速的切换。分别按下起动按钮 SB1 和 SB2,运行过程与低速和高速运行过程类似。

(4) 停止过程。按下停止按钮 SB3,电动机停止运行。

2. 电路特点

(1) 控制灵活,可低速、高速任意起动。

（2）能手动实现低速和高速运行之间的转换，但不能自动转换，高速运行转换到低速运行时，会产生较大的制动电流。

四、4/2 极双速异步电动机自动控制调速电路

自动控制调速电路采用时间继电器控制，先低速起动运行，后手动按下切换按钮，定时切换到高速运行。时间继电器控制的双速异步电动机自动控制调速电路如图 5-3-5 所示。

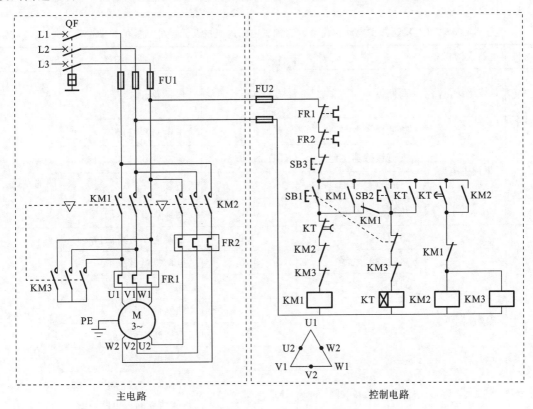

图 5-3-5　时间继电器控制的双速异步电动机自动调速电路图

（一）识读时间继电器控制的双速异步电动机自动调速控制电路

时间继电器控制的双速异步电动机自动调速控制电路由主电路和控制电路组成。按以下方法识读电路。

1. 识读主电路

（1）识读负载。负载指消耗电能的用电器或电气设备，如电动机、电热器件等。看清负载的数量、类别、用途、接线方式等。

（2）识读主电路中的电气元件。识别各种电气元件在电路中的作用。本电路中的电气元件有控制电动机的接触器 KM、控制主电路电源接通和断开的电源总开关 QF、对主电路进行短路保护的熔断器 FU，以及对电动机进行热过载保护的热过载继电器 FR。

（3）识读电源。识别电源的种类和电压等级，判别是直流电源还是交流电源。直流电源的电压等级有 660 V、220 V、110 V、24 V、12 V 等，交流电源的电压等级有 380 V、220 V、110 V、36 V、24 V 等，频率为 50 Hz。本电路的电源是 380 V 三相交流电。

2. 识读控制电路

（1）识读控制电路电源。识别控制电路电源的种类和电压等级，本控制电路电源直接采用 380 V 交流电。

（2）按布局顺序从左到右、从上到下分析每条支路的工作原理。识别控制电路中的元器件、各元器件的作用及对主电路的控制关系。

时间继电器控制的双速异步电动机自动调速控制电路的组成及元器件功能的识读过程见表 5-3-1。

表 5-3-1 双速异步电动机自动调速控制电路的组成及元器件功能的识读过程

项目	电路识读任务	电路组成	符 号	元器件功能	备 注
1	识读电源电路	断路器	QF	电源总开关	位于电路图上方
2	识读主电路	熔断器	FU1	主电路短路保护	位于电路图的左侧
		交流接触器主触点	KM1、KM2、KM3	控制电动机 M	
		三相笼型异步电动机	M	负载	
		热过载继电器	FR	电动机过载保护	
3	识读控制电路	熔断器	FU2	控制电路短路保护	位于电路图的右侧
		热过载继电器	FR	电动机过载保护	
		时间继电器	KT	延时	
		按钮	SB1	控制低速起动	
			SB2	控制高速运行	
			SB3	控制电路停止	
		交流接触器线圈	KM1、KM2、KM3	控制接触器的吸合与释放，从而控制主电路通断	

（二）分析双速异步电动机自动调速控制电路的工作原理

双速电动机
控制原理

1. 电路的工作过程分析

（1）低速起动运行：合上电源开关 QF→按下低速起动按钮 SB1→SB1 动断触点断开→断开 KT 线圈回路；SB1 动合触点闭合→接触器 KM1 线圈通电并自锁，同时 KM1 常闭互锁触点分断 KM2、KM3 线圈→KM1 主触点闭合→双速电动机的 U1、V1、W1 端子接入三相电源（U2、V2、W2 端子悬空）→双速电动机的定子绕组接成△形连接，电动机低速起动运行。

（2）高速运行：按下高速运行按钮 SB2→时间继电器 KT 线圈通电→KT 瞬时动合触点闭合自锁并按设定时间延时→延时时间到→KT 通电延时动断触点断开→交流接触器 KM1 线圈失电→KM1 主触点断开；同时，KT 通电延时动合触点闭合→交流接触器 KM2 和 KM3 线圈通电→KM2 互锁触点分断 KM1 线圈，同时 KM2 自锁触点闭合自锁→KM2、KM3 主触点闭合→双速电动机 M 接成 YY 形连接，高速运行。

（3）低速与高速的切换：与高速起动运行类似。

（4）停止过程：按下停止按钮 SB3，电动机停止运行。

（三）双速异步电动机自动调速控制电路元器件明细表

双速异步电动机自动调速控制电路元器件明细表见表 5-3-2。

表 5-3-2　双速异步电动机自动调速控制电路元器件明细表

序　号	元器件名称	数　量
1	断路器	1
2	熔断器	5
3	交流接触器	3
4	热过载继电器	2
5	时间继电器	1
6	三相笼型异步电动机	1
7	按钮	3
8	主电路导线（黄、绿、红）	若干
9	控制电路导线（黑）	若干

（四）双速异步电动机自动调速控制电路的安装与调试

1. 安装固定元器件

识读元器件布置图，选择合适的元器件。安装前应检查所选的元器件型号和规格是否符合控制要求；检查元器件质量是否符合要求，查看元器件外壳有无裂纹，接线柱是否生锈，零部件是否齐全；检查元器件动作是否灵活，线圈电压与电源电压是否相符。将元器件按照元器件布置图所示的位置安装到控制板上。双速异步电动机自动调速控制电路的元器件布置图如图 5-3-6 所示。

安装时各元器件的位置应排列整齐、均匀，间距合理，便于更换元器件；紧固时要用力均匀，紧固程度适当，防止用力过猛而损坏元器件。

2. 电路布线安装

根据电动机容量选择电路导线，按照安装接线图和电路原理图进行电路的布线安装。先安装主电路，再安装控制电路。布线安装的工艺要求与点动控制电路的布线安装工艺要求相同。

3. 电动机安装

（1）电动机绕组按双速电动机控制主电路连接。

（2）安装电动机和按钮的金属外壳上的保护接地。

4. 自检

（1）检查布线。对照接线图检查是否存在掉线、错线，是否漏编或错编，接线是否牢固等。

（2）使用万用表检测电路的通断情况。一般选用万用表的"R×100Ω"挡位检测，断开 QF。

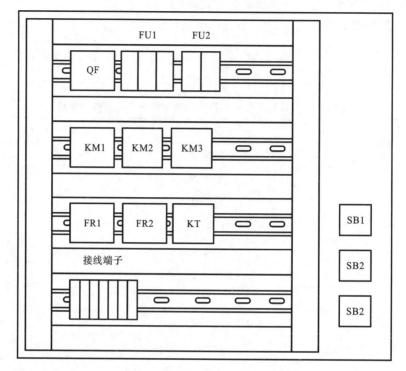

图 5-3-6　双速异步电动机自动调速控制电路的元器件布置图

① 检测主电路:取下 FU2 的熔体,切断控制电路,检测电源每相是否为通路,每相电源之间是否绝缘。将万用表的两支表笔分别搭接在 L11—L21、L11—L31 和 L21—L31 端子上,测量三相电源之间的阻值。未操作接触器之前,测得电阻值为∞,即每相电路为断路,绝缘良好;分别操作接触器 KM1、KM2,按下支架,应测得电动机一相绕组的直流电阻值;操作接触器 KM3,按下支架,应测得阻值为 0,即每相电路为通路。

② 检测控制电路:装好 FU2 的熔体,将万用表两支表笔搭接在 L21—L31 端子的两端,测得电阻值为∞,即电路为断路。分别按下 SB1、SB2、KM2 触头支架,应分别测得接触器线圈 KM1、时间继电器线圈 KT 的直流电阻值和接触器线圈 KM2 与 KM3 并联的直流电阻值。

③ 检测自锁电路:松开 SB1、SB2,按下接触器 KM1、KM2 的触头支架,应分别测得接触器线圈 KM1 的直流电阻值和接触器线圈 KM2 与 KM3 并联的直流电阻值。

④ 检测停车控制:在按下 SB1、SB2 或按下 KM1、KM2 的触头支架测得接触器线圈直流电阻之后,若同时按下 SB3,则测得电阻值为∞,即电路由通到断。

安装完成的电路必须经过认真检测后才能通电试车,以避免错接、漏接造成不能正常运行或短路事故。

(五)通电调试与故障检修

通电调试分为空载试车(不接电动机)和负载试车(接电动机)两个环节。

经自检,确认安装的线路正确和无安全隐患后,在教师的监护下,按表 5-3-3 所示步骤通电调试。切记严格遵守安全操作规程,确保人身安全。

表 5-3-3　通电调试运行情况记录表

步骤	操作内容	观察内容	正确结果	观察结果	备注
1	旋转热继电器整定电流调整装置,将整定电流设定为 10 A(向右旋转为调大,向左旋转为调小)	整定电流值	10 A		整定电流为电动机额定电流的 0.95～1.05 倍
2	先连接电源,再合上断路器	电源插头 断路器	已合闸		按顺序操作
3	按下低速起动按钮 SB1	接触器 KM1	线圈吸合		
		电动机 M	起动低速运行		
4	按下高速运行按钮 SB2	接触器 KM1	线圈释放		单手操作,注意安全
		接触器 KM2、KM3	线圈吸合		
		电动机 M	高速运行		
5	按下停止按钮 SB3	接触器 KM2、KM3	线圈释放		
		电动机 M	停转		
6	拉下断路器操作杆,拔下电源插头	断路器 电源插头	已分断		按顺序操作

1. 空载试车

合上 QF,按下低速起动按钮 SB1,交流接触器 KM1 线圈得电吸合;按下高速运行按钮 SB2,KM1 线圈失电释放,时间继电器延时时间到后,KM2、KM3 接触器线圈得电吸合;按下停止按钮 SB3,KM2、KM3 线圈失电释放。检查线路动作情况是否正常,是否符合电路功能要求,检查电气元件动作是否灵活,有无卡阻或噪声,有无异味。

2. 负载试车

断开 QF,接好电动机连接线,合上 QF。按下低速起动按钮 SB1,交流接触器 KM1 线圈得电吸合,电动机起动,低速运行;按下高速运行按钮 SB2,KM1 线圈失电释放,时间继电器延时时间到后,KM2、KM3 接触器线圈得电吸合,电动机高速运行;按下停止按钮 SB3,KM2、KM3 线圈失电释放,电动机停止运行。

观察电动机能否正常按控制功能运转。检查线路是否正常工作。若在试车过程中发现异常现象,应及时断电停车,并记录故障现象,在排除故障之后再次通电试车,直到试车成功为止。

3. 通电试车注意事项

(1)未经教师允许,严禁私自通电试车。

(2)通电前先整理现场,清理无用的导线,保持现场干净、整洁。

(3)通电状态下,学生应当双脚站在绝缘垫上,用单手操作。

(4)通电试车完毕后,必须先切断电源方可离开现场。

4. 过载保护模拟

在实际工作中双速电动机自动调速运行发生过载或断相时,热继电器常闭触点断开,从而断开控制电路,使接触器线圈失电,主触点断开,进而使电动机停止运行。按照表 5-3-4 进行模拟操作,观察故障现象。

表 5-3-4 过载故障现象观察记录表

步骤	操作内容	理论故障现象	观察到的故障现象	备 注
1	先连接电源,再合上断路器			已送电,注意安全
2	按下起动按钮 SB2	电动机 M 在运行过程中突然断电停转		起动
3	按下热继电器 FR 的测试键			模拟过载
4	拉下断路器操作杆,拔下电源插头			注意安全

(六)故障分析

双速电动机自动调速控制电路常见故障分析见表 5-3-5。

表 5-3-5 双速电动机自动调速控制电路故障分析表

故障现象	故障原因	检测方法
电动机不能正常起动	①元器件损坏。 ②元器件之间的连接导线断路	利用电阻测量法检查元器件和元器件之间的连接导线通断情况:断开 QF,用万用表的电阻挡,将一支表笔搭接主回路断路器上端,依次检查主触点通断情况;控制回路检测,将万用表的一支表笔搭接在 FU2 的上端,用另一支表笔沿着回路依次检测通断情况
双速电动机不能正常切换	①时间继电器故障。 ②元器件损坏。 ③元器件之间的连接导线断路	利用电阻测量法检查元器件和元器件之间的连接导线通断情况:断开 QF,用万用表的电阻挡,将一支表笔搭接在 SB3 的上端,用另一支表笔沿着回路依次检测通断情况
电动机点动运行	①接触器常开辅助触点接触不良。 ②自锁回路断路	利用电阻测量法检查元器件和元器件之间的连接导线通断情况:断开 QF,用万用表的电阻挡,将一支表笔搭接在 SB2 的下端,按下 KM1 的触头支架,用另一支表笔沿着回路依次检测通断情况
控制线路正常,电动机不能起动且有嗡嗡声	①电源缺相。 ②电动机定子绕组断路或绕组匝间短路。 ③定子、转子气隙中灰尘、油污过多,将转子抱住。 ④接触器主触点接触不良,使电动机单相运行	①主电路的检测:检测方法参看前文中的"检测主电路"。 ②电动机的检测:用钳形电流表测量电动机三相电流是否平衡;断开 QF,用万用表电阻挡测量绕组是否断路

项目 6　典型机床电气系统的分析与故障检修

【工作任务】
(1) CA6140 型卧式车床电气系统的分析与故障检修。
(2) X62W 万能铣床电气系统的分析与故障检修。
(3) M7130 型平面磨床电气系统的分析与故障检修。

【知识目标】
(1) 了解典型机床的基本结构。
(2) 掌握典型机床电气控制系统电路的工作原理。
(3) 能够正确分析并识读典型机床电气控制系统的原理图。
(4) 掌握机床电气控制系统的故障分析和检测排除方法。

【能力目标】
(1) 能够正确识读典型机床电气控制电路图。
(2) 能够正确分析并判断典型机床电气控制系统故障。
(3) 能熟练使用电工仪表、工具排除典型机床电气控制系统故障。

【素养目标】
(1) 遵循标准,规范操作。
(2) 工作细致,态度认真。
(3) 团队协作,有创新精神。

任务 6.1　CA6140 型卧式车床电气系统的分析与故障检修

【任务目标】
(1) 掌握 CA6140 型卧式车床的基本结构及主要运动形式。
(2) 会识读 CA6140 型卧式车床的电气控制原理图,分析电气控制线路。
(3) 能正确分析 CA6140 型卧式车床电气系统的常见故障。
(4) 会用仪表和工具检修 CA6140 型卧式车床电气系统的常见故障。

【任务描述】
本任务是分析 CA6140 型卧式车床控制线路,查找故障点并进行故障维修。

【相关知识】

一、CA6140 型卧式车床

1. 认识 CA6140 型卧式车床

车床广泛应用于金属切削加工,能够车削外圆、内圆、端面、螺纹以及进行切断、割槽等,并可以装上钻头或铰刀进行钻孔和铰孔等。车床主要有普通车床和数控车床两大类。

CA6140 型卧式车床主要由机械部分、液压部分、电气部分组成。车床的外部主要由床身、主轴箱、进给箱、溜板箱、刀架、光杠、丝杠和尾座等部件组成。CA6140 型卧式车床是一种机械结构比较复杂而电气系统简单的机电设备,其外观如图 6-1-1 所示。

图 6-1-1　CA6140 型卧式车床

1—电气控制柜;2—进给箱;3—主轴箱;4—刀架;5—尾座;6—床身;7—溜板箱

2. CA6140 型卧式车床的运动形式

CA6140 型卧式车床的机械部分与电气控制部分协同工作实现车削加工,其运动形式分为如下三种。

(1)主运动。主运动指工件的旋转运动(主轴通过卡盘或顶尖带动工件旋转)。主轴的旋转是由主轴电动机经传动机构拖动的。车削加工时,根据加工工件的材料性质、车刀材料及几何形状、工件直径、加工方式及冷却条件的不同,要求主轴能在一定的范围内变速。考虑经济性和可靠性,主拖动电动机一般选用笼型三相异步电动机,不进行电气调速,为满足调速要求,采用机械变速(采用齿轮箱进行机械有级调速)。主拖动电动机通过几条三角皮带将动力传递到主轴箱,以减小振动。另外,为了加工螺纹等,还要求主轴能够正、反转。

(2)进给运动。进给运动指刀架带动刀具的横向或纵向的直线运动。刀架的进给运动也是由主轴电动机拖动的,其运动方式有手动和自动两种。在进行螺纹加工时,工件的旋转速度与刀架的进给速度之间应有严格的比例关系,因此,车床刀架的横向或纵向两个方向的进给运动是由主轴箱输出经交换齿轮箱、进给箱、光杠传入溜板箱而获得的。

(3)辅助运动。辅助运动指车床上除切削运动以外的其他一切必需的运动,如刀架的快速移动、尾座的纵向移动、工件的夹紧与放松等。

3. CA6140 型卧式车床的电气控制特点及要求

(1)主轴电动机一般为三相笼型异步电动机,不进行电气调速而采用齿轮箱进行机械有级调速。为减小有级调速时的振动,主拖动电动机通过几条三角皮带将动力传递到主轴箱。

(2)螺纹车削加工时对主轴正、反转的要求由主轴电动机的正、反转运行实现或采用机械方法来实现。

(3)主轴电动机的起动、停止采用按钮操作。一般中小型电动机均采用直接起动方式(当电动机容量在 10 kW 以上时,常用 Y-△降压起动)。停车时为实现快速停车,一般采用机械或电气制动,CA6140 型卧式车床采用自由停车方式。

（4）为满足螺纹加工的需要，刀架移动和主轴转动有固定的比例关系，这由机械传动实现，电气部分不做任何控制。

（5）车削加工时，刀具及工件温度升高，有时需用冷却液进行冷却。冷却液由冷却泵电动机拖动冷却泵来输出。要求在主轴电动机起动后，冷却泵才能选择是否起动，而在主轴电动机停止时，冷却泵应立即停止，即冷却泵电动机与主轴电动机有着联锁关系。

（6）溜板箱的快速移动由单独的快速移动电动机拖动，采用点动控制。

（7）必须要有过载、短路、失压和欠压保护。

（8）具有局部照明和信号指示装置。

二、CA6140 型卧式车床电气控制电路的分析

CA6140 型卧式车床电气控制系统主要由主电路、控制电路和辅助电路三部分组成，其电气控制电路如图 6-1-2 所示。

CA6140 型卧式车床的主轴电动机和冷却泵电动机采用直接起动和顺序控制方式，快速进给电动机采用点动控制方式。CA6140 型卧式车床电气控制系统主要元器件见表 6-1-1。

1. 主电路分析

CA6140 型卧式车床的主电路共有 3 台电动机，M1 是主轴电动机，M2 是冷却泵电动机，M3 是刀架快速移动电动机。主轴电动机 M1 带动主轴旋转及驱动刀架完成进给运动，熔断器 FU 用作短路保护，热继电器 FR1 用作过载保护，接触器 KM 接通和分断电动机 M1 电源电路，并具有失压、欠压保护功能；冷却泵电动机 M2 提供切削液，由中间继电器 KA1 控制，热继电器 FR2 用作过载保护；刀架快速移动电动机 M3 由中间继电器 KA2 控制，由于电动机 M3 是点动控制，短时工作，所以没有设过载保护；FU1 用作冷却泵电动机 M2、刀架快速移动电动机 M3 和变压器 TC 的短路保护。

2. 控制电路分析

CA6140 型卧式车床的变压器 TC 将电压由 380 V 降为 110 V，为控制电路供电。在正常工作时，位置开关 SQ1 动合触点闭合；当打开皮带罩时，位置开关 SQ1 动合触点断开，切断控制电路电源，以确保人身安全。主电路可以分成主轴电动机 M1、冷却泵电动机 M2 和刀架快速移动电动机 M3 三个部分，其控制电路也可相应地分解成三个基本环节，外加变压电路、信号电路和照明电路。

三、CA6140 型卧式车床电气控制电路的操作运行

1. 主轴电动机 M1 的控制

（1）操作主轴电动机 M1。

将机床的操作手柄置于合理的位置，然后合上电源开关 QS，电源指示灯 HL 点亮。CA6140 卧式车床的起动按钮和停止按钮各有两套，分别在交换齿轮保护罩的前侧面和床鞍上，SB1 是急停按钮，按下后不能自动复位，需手动顺时针旋转才能复位；SB2 是主轴电动机 M1 的起动按钮。另外，在床鞍上还有 SB3 和 SB4 两个按钮，其中 SB3 是主轴电动机 M1 的异地控制起动按钮，SB4 是主轴电动机 M1 的异地控制停止按钮。为了观察主轴电动机 M1 和电气控制柜内电气元件的动作情况，可以按表 6-1-2 进行逐项操作，并做好记录。

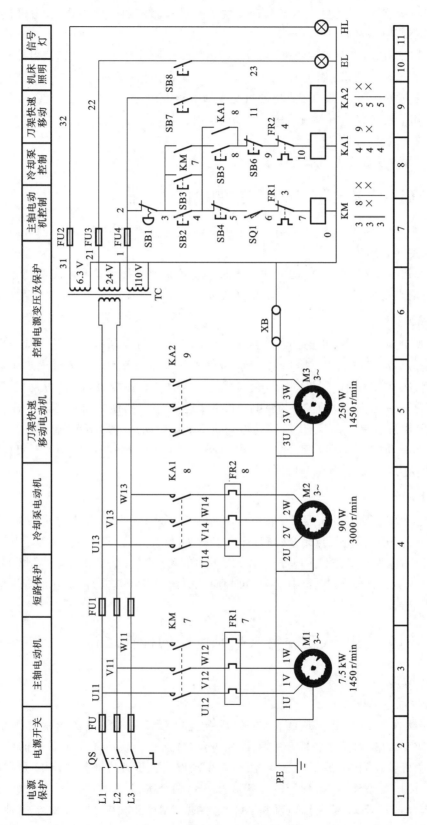

图 6-1-2 CA6140 型卧式车床电气控制电路

表 6-1-1　CA6140 型卧式车床电气控制系统主要元器件

单元	区位	元器件名称	电气符号	型号	规格	说明
电源	2	组合开关	QS	HZ1-25/3	380 V	三相电源总开关
	4	熔断器	FU1	RL1-15	熔体 6 A	M2、M3 的短路保护
	6	变压器	TC	BK-100	AC380 V/AC110 V/AC24 V/AC6.3 V	输出 AC110 V 控制电压、AC24 V 照明电压、AC6.3 V 信号电压
	7	熔断器	FU2	RL1-15	熔体 1 A	电源信号灯的短路保护
	7	熔断器	FU3	RL1-15	熔体 2 A	照明灯的短路保护
	7	熔断器	FU4	RL1-15	熔体 2 A	信号电路、照明电路、控制电路的短路保护
主电路	3	热继电器	FR1	JR16-20/3D	15.4 A	主轴电动机 M1 的过载保护
	4	热继电器	FR2	JR16-20/3D	0.32 A	M2 的过载保护
	3	主轴电动机	M1	YL32M-4-B3	7.5 kW,1450 r/min	三相笼型异步电动机
	4	冷却泵电动机	M2	AYB-25TH	90 W,3000 r/min	三相笼型异步电动机
	5	刀架快速移动电动机	M3	AOS5634	250 W,1450 r/min	三相笼型异步电动机
控制电路	7	接触器	KM	CJ20-18	线圈电压 110 V	控制 KM 的触点
	8	中间继电器线圈	KA1	JZ7-44	线圈电压 AC110 V	控制 KA1 的常开、常闭触点
	9	中间继电器线圈	KA2	JZ7-44	线圈电压 AC110 V	控制 KA2 的常开、常闭触点
	7	急停按钮	SB1	LAY3-10/3.11	红色蘑菇头带自锁	主轴电动机 M1 和冷却泵电动机 M2 的急停按钮
	7,8	主轴电动机起动按钮	SB2,SB3	LAY3-01ZS/1	白色	起动主轴电动机 M1
	7	主轴电动机停止按钮	SB4	LAY3-01ZS/1	黑色	停止主轴电动机 M1
	8	冷却泵电动机起动按钮	SB5	LA9	黑色	起动冷却电动机 M2
	8	冷却泵电动机停止按钮	SB6	LA9	黑色	停止冷却电动机 M2
	9	刀架快速移动按钮	SB7	LAY3-01ZS/1	黑色	点动控制刀架快速移动电动机
	7	安全保护行程开关	SQ1,SQ2	JWM6-11	开启式	关闭带罩压合,打开带罩断开
照明电路	10	带按下自锁按钮	SB8	LAY1-02	黑色平按钮	控制照明灯 EL
	10	照明灯	EL	ZSD	AC6.3 V	车床局部照明
	11	电源指示灯	HL	E27	AC24 V,40 W	电源指示

表 6-1-2　主轴电动机 M1 的控制

序　号	项　目	操 作 内 容	观 察 内 容	正 常 结 果
1	主轴电动机起动	按下 SB2 或 SB3	KM	吸合
			主轴	运转
2	主轴电动机停止	按下 SB4 或 SB1	KM	释放
			主轴	停转

（2）主轴电动机 M1 的控制过程。

机床正常工作时，行程开关 SQ1 处于压合状态，其常开触点 SQ1（7 区）闭合。

①起动：按下 SB2 或 SB3→KM 线圈得电吸合并自锁→KM 主触点闭合→主轴电动机 M1 得电运转。

②停止：按下 SB4 或 SB1→KM 线圈失电→KM 主触点断开→主轴电动机 M1 失电停转。

2. 冷却泵电动机 M2 的控制

（1）操作冷却泵电动机 M2。

冷却泵电动机需要在主轴电动机起动后才能运行，因此，在起动主轴电动机 M1 后，再按表 6-1-3 进行操作，观察冷却泵的工作情况，并做好记录。

表 6-1-3　冷却泵电动机 M2 的控制

序　号	项　目	操 作 内 容	观 察 内 容	正 常 结 果
1	冷却泵起动	按下 SB5	KA1	吸合
			冷却泵电动机 M2	运转
			切削液管	有切削液流出
2	冷却泵停止	按下 SB6	KA1	释放
			冷却泵电动机 M2	停转
			切削液管	切削液停止流出

（2）冷却泵电动机 M2 的控制过程。

主轴电动机 M1 和冷却泵电动机 M2 在控制电路中采用顺序控制方式，只有在主轴电动机起动后按下 SB5，冷却泵电动机才能得电运转；按下 SB6 或主轴电动机停止后冷却泵电动机失电停转。

3. 刀架快速移动电动机 M3 的控制

刀架快速移动电动机 M3 的操作按钮安装在刀架快速移动手柄的顶端，先将进给操作手柄置于安全合理的位置，确保刀架快速移动时不会撞上车床上的其他部位后，再按表 6-1-4 进行操作，观察刀架和电气控制柜内部电气元件的动作情况，并记录观察结果。

表 6-1-4　刀架快速移动电动机 M3 的控制

序　号	操作内容	观察内容	正常结果
1	按住 SB7	KA2	吸合
		刀架快速移动电动机 M3	运转
		刀架	快速移动
2	松开 SB7	KA2	释放
		刀架快速移动电动机 M3	停转
		刀架	停止

四、CA6140 型卧式车床电气系统的检修

1. 常见的电气故障

常见的电气故障可分为以下三类。

（1）电源故障：电源停电、缺相、频率偏差、极性接反、相线和中性线接反、相序改变、交直流混淆。

（2）电路故障：断线、短路、短接、接地、接线错误。

（3）设备和元器件故障：过热烧毁、寿命结束、电气击穿、性能变劣。

2. 常见的电气故障检修方法

（1）故障调查。

机床发生故障后，首先应向操作者了解故障发生前后的情况，这有利于根据电气设备的工作原理来分析发生故障的原因。一般调查的内容有：

① 故障发生在开机前、开机后，还是发生在运行中；机床是运行中自行停车，还是出现异常情况后由操作者停下来的？

② 发生故障时听到了什么异常声音，看到弧光、火花、冒烟，闻到了焦煳味没有？

③ 发生故障前，是否拨动了什么开关、按下了什么按钮？

④ 发生故障前后，仪表及指示灯出现了什么情况？

⑤ 以前是否出现过类似故障，是如何处理的？

操作者的陈述可能不完整，有些情况可能陈述不出来，甚至有些陈述内容是错误的，但仍要仔细询问，因为有些故障是由于操作者粗心大意、对机床的性能不熟悉、采用不正确的操作方法而造成的，在进行检查时应验证操作者的陈述，找到故障原因。

（2）断电检查。

机床维修切忌盲目通电，以免扩大故障或造成伤害。通电前，需要在机床断电的状态下检查以下内容：

① 检查电源线进口处，观察电线有无碰伤，排除电源接地、短路等故障；

② 观察电气控制柜内熔断器有无烧损痕迹；

③ 观察配线、电气元件有无明显的变形损坏、过热烧焦或变色；

④ 检查行程开关、继电保护装置、热继电器是否动作；

⑤ 检查可调电阻的滑动触头、电刷支架是否离开原位；

⑥ 检查断路器、接触器、继电器等电气元件的可动部分，看其动作是否灵活；

⑦ 用兆欧表检查电动机及控制线路的绝缘电阻,一般应不小于 0.5 MΩ;

⑧ 查看机床运转和密封部位有无异常的飞溅物、脱落物、溢出物,如油、烟、介质、金属屑等。

3. 通电检查

作通电检查前,要尽量使电动机和所传动的机械部分分离,将电气控制装置上相应转换开关置于零位,行程开关恢复到正常位置。作通电检查时,一般按先主回路后控制回路、先简单后复杂的顺序分区域进行,每次通电检查的范围不要太大,范围越小,故障越明显。

(1) 断开所有开关,取下所有的熔断器,再按顺序逐一插入需检查部位的熔断器,然后合上开关,观察有无冒火、冒烟、熔体熔断等现象。

(2) 听机床运行发出的声音。各种机床运行时均伴有声音和振动,机床运行正常时,其声音、振动有一定规律和节奏,并保持持续和稳定。机床运行的异常声音和振动就是与故障相关联的信号。

(3) 闻机床运行发出的气味。辨别有无异味,机床运动部件发生剧烈摩擦,电气绝缘烧损,会产生油、烟气、绝缘材料的焦糊味,正常工作的机床只有润滑油和冷却液的气味。

(4) 机床电动机、变压器、接触器和继电器的线圈发生短路故障时,温度会显著上升,远远超过正常的温升,可在切断电源后,用手去触摸检查。

4. 电路分析

(1) 根据检查的结果,分析是机械系统故障、液压系统故障、电气系统故障还是综合故障。

(2) 参考机床的电气原理图及有关技术说明书进行电路分析,大致估计有可能产生故障的部位,如是主电路还是控制电路、是交流电路还是直流电路等。

(3) 对复杂的机床电气线路,要掌握机床的性能和工艺要求,可将复杂电路划分成若干单元,再分析判断。

5. 机床维修及修复后的注意事项

(1) 在找出故障点和修复故障时,应注意不能把找出的故障点作为寻找故障的终点,还必须进一步分析,查明产生故障的根本原因。

(2) 找出故障点后,一定要针对不同故障情况和部位采取正确的修复方法,不要轻易采用更换电气元件和导线等方法,更不允许轻易改动线路或更换规格不同的电气元件,以防止产生人为故障。

(3) 在故障修理工作中,一般情况下应尽量做到复原。有时为了尽快恢复机床的正常运行,也允许根据实际情况采取一些适当的应急措施,但绝不可凑合行事,而且一旦机床空闲必须复原。

(4) 电气故障修复完毕,需要通电试运行时,应和操作者配合,避免出现新的故障。

(5) 每次排除故障后,应及时总结经验,并做好维修记录。记录的内容可包括:机床的型号、名称、编号;故障发生的日期、故障现象、部位、故障原因;损坏的电器、修复措施及修复后的运行情况等。记录作为档案以备日后维修时参考,并通过对历次故障的分析,采取相应的有效措施,防止类似事故的再次发生或对电气设备本身的设计提出改进意见等。

(6) 修理后的电气装置必须满足其质量标准要求,电气装置的检修质量标准包括:

① 外观整洁,无破损和炭化现象。

② 所有的触头均应完整、光洁、接触良好。

③ 压力弹簧和反作用力弹簧应具有足够的弹力。

④ 操纵、复位机构都必须灵活可靠。

⑤ 各种衔铁运动灵活,无卡阻现象。

⑥ 接触器的灭弧罩完整、清洁,安装牢固。

⑦ 继电器的整定数值符合电路使用要求。

⑧ 指示装置能正常发出信号。

6. CA6140 型卧式车床电气系统故障的检修

仔细观察故障现象,结合 CA6140 型卧式车床的电气原理图和电气接线图,参考表 6-1-5 进行检修。

表 6-1-5　CA6140 型卧式车床电气系统故障的检修

故 障 现 象	故障原因分析	故障排除与检修
电源指示 灯不亮	组合开关 QS 损坏	合上 QS,若电源指示灯不亮,则用万用表交流电压挡测量 QS 触点之间电压,若输入电压为 380 V,输出不是,则可确定 QS 损坏,应进行修复或更换
	熔断器 FU2 熔断	合上 QS,若电源指示灯不亮,则用万用表交流电压挡测量 FU2 的电压,正常为 6.3 V,否则,应更换熔体或熔断器
	指示灯损坏	断开 QS,用万用表电阻挡测量指示灯电阻,若损坏,则更换指示灯
照明灯不亮	组合开关 QS 损坏	合上 QS,按下 SB8,若机床照明灯不亮,则用万用表交流电压挡测量 QS 触点之间电压,若输入电压为 380 V,输出不是,则可确定 QS 损坏,应进行修复或更换
	熔断器 FU3 熔断	合上 QS,按下 SB8,若机床照明灯不亮,则用万用表交流电压挡测量 FU3 的电压,正常为 24 V,否则,更换熔体或熔断器
	按钮 SB8 损坏	断开 QS,用万用表电阻挡测量按钮 SB8 两端的电阻,若损坏,则更换按钮
	灯泡损坏	断开 QS,旋下照明灯灯泡,用万用表电阻挡测量灯泡电阻,若损坏,则更换灯泡
主轴电动机 M1 和冷却泵电动机 M2 不能起动,刀架快速移动电动机 M3 不能正常起动	交流接触器 KM,中间继电器 KA1、KA2 触点接触不良	合上 QS,分别按住 SB2、SB5 或 SB7,若 KM、KA1、KA2 分别能吸合,则用万用表交流电压挡测量 KM 或 KA1、KA2 主触点之间的电压,正常为 380 V,若电压不正常,则应更换或修复主触点
	热继电器 FR1 或 FR2 热元件损坏	若 KM 或 KA1、KA2 主触点之间的电压正常,用万用表交流电压挡分别测量热继电器 FR1 和 FR2 发热元件之间的电压,正常为 380 V,否则,修理或更换热继电器 FR1、FR2
	电动机 M1、M2、M3 损坏	若热继电器 FR1 或 FR2 发热元件之间的电压正常,用万用表交流电压挡分别测量电动机 M1、M2、M3 绕组之间的电压,正常为 380 V,否则,应修理或更换
	交流接触器 KM,中间继电器 KA1、KA2 线圈故障	合上 QS,分别按住 SB2、SB5 或 SB7,若 KM、KA1、KA2 不能吸合,用万用表交流电压挡测量 KM 或 KA1、KA2 线圈电压,正常为 110 V,若电压不正常,则更换线圈
	热继电器 FR1 或 FR2 常闭触点损坏	若 KM 或 KA1、KA2 线圈电压正常,可在机床断电的情况下,用万用表电阻挡分别测量热继电器 FR1、FR2 常闭触点是否接通,再用万用表电阻挡检查 SB1、SQ1 和 SB4,若损坏,则进行修复和更换

任务6.2 X62W万能铣床电气系统的分析与故障检修

【任务目标】

(1) 掌握X62W万能铣床的基本结构及主要运动形式。

(2) 能识读X62W万能铣床的电气控制原理图,分析电气控制线路。

(3) 能正确分析X62W万能铣床电气系统的常见故障。

(4) 会用仪表和工具检修X62W万能铣床电气系统的常见故障。

【任务描述】

本任务是分析X62W万能铣床的电气控制线路,查找故障点并进行故障维修。

【相关知识】

一、电磁离合器

1. 概述

电磁离合器是利用表面摩擦和电磁感应,在两个做旋转运动的物体之间传递转矩的执行电器。由于能够实现远距离控制,且结构简单、动作迅速,电磁离合器广泛地用于机床的自动控制中。电磁离合器的工作方式有通电结合和断电结合两种,可分为干式单片电磁离合器、干式多片电磁离合器、湿式多片电磁离合器、磁粉离合器、转差式电磁离合器等。

2. DLMX-5S湿式多片电磁离合器

DLMX-5S湿式多片电磁离合器用于机械传动系统中,可在主动部分运转的情况下,使从动部分结合或分离,XA6132万能铣床使用的就是该电磁离合器,其外观如图6-2-1所示。

图6-2-1 DLMX-5S湿式多片
电磁离合器

电磁离合离安装使用注意事项如下:

(1) 海拔高度不超过2000 m。

(2) 周围空气温度为−5～+40 ℃。

(3) 周围介质中不含有爆炸危险或足以腐蚀金属和破坏绝缘的气体及导电尘埃。

(4) 离合器线圈的供电电压波动范围不超过额定电压的−15%～5%。

(5) 摩擦片间需要有油润滑。

(6) 离合器安装前应清洗干净。

(7) 安装时应轴向固定,如分轴安装则应保持同轴度为9级。

(8) 离合器工作时应向摩擦片供油。在高速运转和高频工作时,应采取轴心供油法。

(9) 离合器润滑油应清洁,否则会影响其使用可靠性。

二、X62W万能铣床

(一)认识X62W万能铣床

1. 概述

X62W万能铣床是一种多用途的通用机床,可用来加工平面、斜面和沟槽等,装上分度头后还可以铣切直齿齿轮和螺旋面,装上圆工作台还可以铣切凸轮和弧形槽。铣床的种类很多,有卧铣、立铣、龙门铣、仿形铣及各种专用铣床。

2. X62W 万能铣床的结构

X62W 万能铣床是卧式铣床,主要由床身、主轴、刀杆、悬梁、刀杆支架、工作台、回转盘、横溜板、升降台、底座等组成,如图 6-2-2 所示。床身固定在底座上,内装主轴传动机构和变速机构,床身顶部有水平导轨,悬梁可沿导轨水平移动;刀杆支架可在悬梁上水平移动;升降台可沿床身垂直导轨上下移动;横溜板在升降的水平导轨上可做平行于主轴轴线的横向移动;工作台可沿导轨做垂直于主轴轴线的纵向移动,还可绕垂直轴线左右旋转 45°来加工螺旋槽。

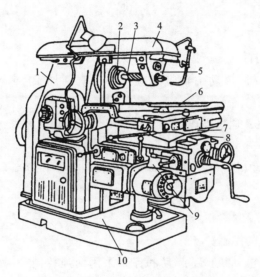

图 6-2-2　X62W 万能铣床外形图

1—床身;2—主轴;3—刀杆;4—悬梁;5—刀杆支架;6—工作台;7—回转盘;8—横溜板;9—升降台;10—底座

3. X62W 万能铣床的运动形式

X62W 万能铣床有三种运动:主运动、进给运动和辅助运动。

(1)主运动。铣床的主运动是主轴带动铣刀的旋转运动。铣床加工一般有顺铣和逆铣两种,要求主轴能正反转,但铣刀种类选定了,铣削方向也就定了,通常主轴运动的方向不需要经常改变。

(2)进给运动。铣床的进给运动是工作台的前后(横向)、左右(纵向)和上下(垂直)六个方向的运动,或圆工作台的旋转运动。

(3)辅助运动。铣床的辅助运动指工作台在进给方向上的快速运动、旋转运动等。

4. X62W 万能铣床的电气控制特点

(1)X62W 万能铣床采用了三台异步电动机进行拖动,它们分别是主轴电动机 M1、进给电动机 M2 和冷却泵电动机 M3。

(2)X62W 万能铣床的铣削加工有顺铣和逆铣两种,主轴电动机 M1 的正反转由组合开关 SA3 控制,停车时采用电磁离合器制动,以实现准确停车。

(3)X62W 万能铣床的工作台有六个方向的进给运动和快速移动,由进给电动机 M2 实现正反转控制,但六个方向的进给运动中同时只准有一种运动产生,采用机械手柄和位置开关配合的方式来实现六个方向进给运动的联锁;进给的快速移动是通过电磁离合器和机械挂挡来实现的。

(4) 主轴运动和进给运动采用变速盘来选择速度,为保证变速齿轮能很好地啮合,调整变速盘时采用变速冲动控制。

(5) SA1 是换刀专用开关,换刀时,一方面将主轴制动,另一方面将控制电路切断。

(6) 三台电动机 M1、M2、M3 分别由 FR1、FR3、FR2 提供过载保护。

(二) X62W 万能铣床电气控制电路的分析

图 6-2-3 所示为 X62W 万能铣床电气控制电路图。X62W 万能铣床电气控制系统主要元器件见表 6-2-1。

1. 主电路分析

主电路共有三台电动机。

(1) M1 是主轴电动机,拖动主轴带动铣刀进行铣削加工,其正反转通过组合开关来实现。

(2) M2 是进给电动机,通过操作手柄和机械离合器的配合可进行工作台前后、左右、上下六个方向的进给运动和快速移动。

(3) M3 是冷却泵电动机,供应切削液,主轴电动机 M1 和冷却泵电动机 M3 采用顺序控制方式。

2. 控制电路分析

(1) 主轴电动机 M1 的控制。

为了操作方便,主轴电动机 M1 起动和停止采用两地控制,一处在升降台上,一处在床身上。

①起动运行:将转换开关 SA3 扳到所需的转向位置,按下起动按钮 SB1 或 SB2,主轴电动机 M1 起动。

② 停止运行:当按下停止按钮 SB5 或 SB6 时,电动机 M1 失电,常开触头 SB5-2 或 SB6-2 接通电磁离合器 YC1,对主轴电动机进行制动。

③ 主轴的变速冲动控制:变速时,在手柄复位的过程中,压动开关 SQ1,使 SQ1 的常闭触头(8—9)先断开,常开触头(5—6)后闭合,接触器 KM1 线圈得电,主轴电动机做瞬时点动,使齿轮系统抖动一下,达到良好啮合。

④ 主轴换刀控制:主轴更换铣刀时,将主轴换刀开关 SA1 转到接通状态,常开触头 SA1-1 接通电磁离合器 YC1,将电动机轴抱住,这时主轴处于制动状态;常闭触头 SA1-2 断开,切断控制回路电源,以保证上刀或换刀时机床没有任何动作。

(2) 进给电动机 M2 的电气控制。

X62W 万能铣床工作台可在三个坐标轴六个方向上做直线运动,均由进给电动机 M2 做正反向旋转来拖动。这六个方向的运动是联锁的,不能同时进行。

进给驱动系统用了两个电磁离合器 YC2 和 YC3,都安装在进给传动链中的第四根轴上。当离合器 YC2 吸合时,连接工作台的进给传动链;当离合器 YC3 吸合时,连接工作台的快速移动传动链。

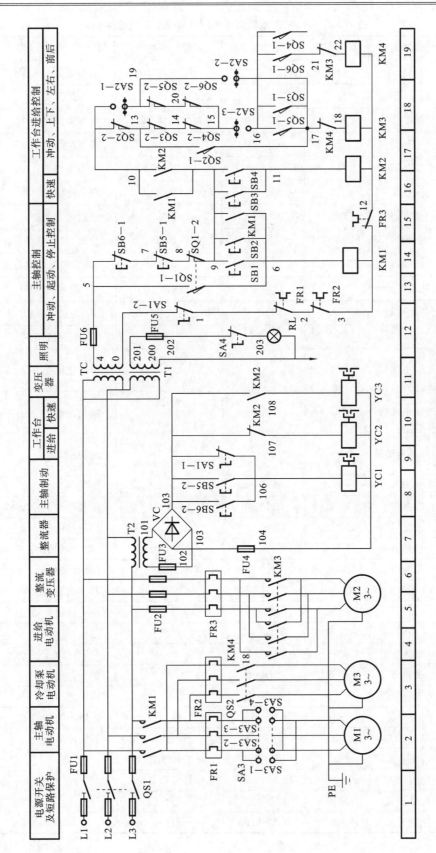

图 6-2-3　X62W万能铣床电气控制电路图

表 6-2-1　X62W 万能铣床电气控制系统主要元器件

单元	区位	元器件名称	电气符号	型　　　号	规　　　格	说　　　明
电源	2	组合开关	QS1	HZ10-60/3J	380 V,60 A	三相电源总开关
	3	组合开关	QS2	HZ10-10/3J	380 V,10 A	冷却泵开关
	1	熔断器	FU1	RL1-60	60 A,熔体 50 A	电源短路保护
	11	变压器	TC	BK-150	AC380 V/AC110 V	控制电路电源
	11	变压器	T1	BK-50,50 V·A	AC380 V/AC24 V	照明电源
	7	变压器	T2	BK-100	AC380 V/AC36 V	整流电源
	5	熔断器	FU2	RL1-15	15 A,熔体 10 A	进给短路保护
	6、12	熔断器	FU3、FU6	RL1-15	15 A,熔体 4 A	整流、控制电路短路保护
	7、12	熔断器	FU4、FU5	RL1-15	15A,熔体 2 A	直流、照明电路短路保护
主电路	2	热继电器	FR1	JR10-40	整定电流 16 A	M1 的过载保护
	3	热继电器	FR2	JR10-10	整定电流 0.43 A	M3 的过载保护
	5	热继电器	FR3	JR10-10	整定电流 3.4 A	M2 的过载保护
	2	主轴电动机	M1	YL32M-4-B3	7.5 kW,380 V,1450 r/min	驱动主轴
	5	进给电动机	M2	Y90L-4	1.5 kW,380 V,1400 r/min	驱动进给
	3	冷却泵电动机	M3	JCB-22	125 W,380 V,2790 r/min	驱动冷却泵
控制电路	7	整流器	VC	2CZ×4	5 A,50 V	整流用
	14	接触器	KM1	CJ10-20	20 A,AC110 V	主轴起动
	17	接触器	KM2	CJ10-10	10 A,AC110 V	快速进给
	18	接触器	KM3	CJ10-10	10 A,AC110 V	M2 正转控制
	19	接触器	KM4	CJ10-10	10 A,AC110 V	M2 反转控制
	13、14	按钮	SB1、SB2	LA2	绿色	起动电动机 M1
	15、16	按钮	SB3、SB4	LA2	黑色	快速进给点动
	14	按钮	SB5、SB6	LA2	红色	停止、制动
	8	电磁离合器	YC1	B1DL-Ⅲ		主轴制动
	10	电磁离合器	YC2	B1DL-Ⅱ		正常进给
	11	电磁离合器	YC3	B1DL-Ⅱ		快速进给
	13	位置开关	SQ1	LX3-11K	开启式	主轴冲动开关
	17	位置开关	SQ2	LX3-11K	开启式	进给冲动开关
	18	位置开关	SQ3	LX3-131	单轮自动复位	M2 正反转及联锁
	18	位置开关	SQ4	LX3-131	单轮自动复位	
	18	位置开关	SQ5	LX3-11K	开启式	
	19	位置开关	SQ6	LX3-11K	开启式	

（3）工作台的快速移动控制。

当需要工作台快速移动时，按下快速移动按钮 SB3 或 SB4，KM2 得电吸合，其常闭触点断开电磁离合器 YC2，将齿轮传动链与进给丝杠分离；KM2 常开触点接通电磁离合器 YC3，将电动机 M2 与进给丝杠直接搭合。YC2 的失电以及 YC3 的得电，使进给传动系统跳过了齿轮变速链，电动机直接驱动丝杠套，工作台按进给手柄的方向快速进给。松开 SB3 或 SB4，KM2 失电释放，快速进给过程结束。

（4）进给变速的冲动控制。

压下开关 SQ2，SQ2-2 先断开，SQ2-1 后接通，接触器 KM3（10→SA2-1→19→SQ5-2→20→SQ6-2→15→SQ4-2→14→SQ3-2→13→SQ2-1→17→KM4 常闭触点→18→KM3 线圈）得电吸合，进给电动机瞬时正转。在手柄推回原位时 SQ2 复位，进给电动机只能瞬动一下。

（5）冷却泵及照明电路的控制。

① 冷却泵电动机控制。主轴电动机 M1 和冷却泵电动机 M3 采用顺序控制方式，只有主轴电动机 M1 起动后冷却泵电动机 M3 才能起动。主轴电动机起动后，扳动组合开关 QS2 可控制冷却泵电动机 M3。

② 照明电路控制。铣床的照明电源采用由变压器 T1 输出的 24 V 安全电压，由开关 SA4 控制。熔断器 FU5 用作照明电路的短路保护。

（6）控制电路的联锁。

X62W 万能铣床的运动较多，电气控制较为复杂，为保证其安全可靠地工作，必须设置联锁和保护环节。它们主要包括：进给运动与主运动之间的顺序联锁；工作台进给的六个方向之间的机械和电气双重联锁；矩形工作台和圆工作台之间的联锁；短路保护、过载保护和工作台六个方向的限位保护等。

① 进给运动与主运动的顺序联锁：进给电气控制电路接在主轴电动机接触器 KM1 自锁触头之后，这就保证了主轴电动机 M1 起动后，才可起动进给电动机 M2。

② 工作台六个进给方向的联锁：工作台进给的六个方向具有机械和电气双重联锁。当铣床工作时，只允许一个进给方向运动，工作台操作手柄只能有一个工作位置，从而保证了不会同时操作两个进给手柄，实现了工作台六个进给方向的联锁控制。

（三）X62W 万能铣床电气控制电路的操作运行

1. 主轴电动机 M1 的控制

（1）操作主轴电动机 M1。

①起动控制：将转换开关 SA3 扳到所需的转向位置，按下起动按钮 SB1 或 SB2，主轴电动机 M1 起动。

② 停止运行：按下停止按钮 SB5 或 SB6 时，电动机 M1 失电，常开触头 SB5-2 或 SB6-2 接通电磁离合器 YC1，对主轴电动机进行制动。

③ 主轴的变速冲动控制：变速时，在手柄复位的过程中压动开关 SQ1，使 SQ1 的常闭触头（8—9）先断开，常开触头（5—6）后闭合，接触器 KM1 线圈得电，主轴电动机做瞬时点动，使齿轮系统抖动一下，达到良好啮合。

④ 主轴换刀控制：主轴更换铣刀时，将主轴换刀开关 SA1 转到接通状态，常开触头 SA1-1

接通电磁离合器 YC1,将电动机轴抱住,这时主轴处于制动状态;常闭触头 SA1-2 断开,切断控制回路电源,以保证上刀或换刀时机床没有任何动作。

为了观察主轴电动机 M1 和电气控制柜内电气元件的动作情况,可以按表 6-2-2 进行逐项操作,并做好记录。

表 6-2-2　主轴电动机 M1 的控制

序　号	项　目	操 作 内 容	观 察 内 容	正 常 结 果
1	主轴起动	SA3 扳到所需的转向位置,按下 SB1 或 SB2	KM1	吸合
			主轴	运转
2	主轴停止	按下 SB5 或 SB6	KM1	释放
			主轴	停转
3	变速冲动	压动开关 SQ1	KM1	吸合
			主轴	点动
4	主轴换刀	SA1 转到接通状态	YC1	接通
			主轴	制动

(2) 主轴电动机 M1 的控制过程。

① 起动:按下 SB1 或 SB2→KM1 线圈得电吸合并自锁→KM1 主触点闭合→主轴电动机 M1 得电运转。

② 停止:按下 SB5 或 SB6→KM1 线圈失电→KM1 主触点断开→主轴电动机 M1 失电停转。

2. 进给电动机 M2 的电气控制

工作台的进给是通过两个机械操作手柄和机械联动机构控制对应的位置开关,使进给电动机 M2 正转或反转来实现的。进给电动机 M2 的控制包括工作台的左右进给、上下进给、前后进给、快速进给控制,以及圆工作台控制和变速冲动控制,并且前后、左右、上下 6 个方向的运动之间实现了联锁,不能同时接通。工作台在前后、左右、上下控制时,圆工作台转换开关 SA2 应处于断开位置。

① 工作台左右进给运动。工作台的进给必须在主轴电动机 M1 起动运行后才能进行,属于顺序控制。工作台进给时电磁离合器 YC2 必须得电。

工作台的左右进给运动是由工作台左右进给操作手柄与位置开关 SQ5 和 SQ6 联动来实现的。当手柄扳向左(或右)边位置时,行程开关 SQ5(或 SQ6)的动断触点被分断,动合触点 SQ5-1(或 SQ6-1)闭合,使接触器 KM3(或 KM4)得动作,电动机 M2 正传(或反转)。在 SQ5(或 SQ6)被压合的同时,机械结构已将电动机 M2 的传动链与工作台的左右进给丝杠搭合,工作台在丝杠的带动下左右进给。当工作台向左或向右运动到极限位置时,工作台两端的挡铁就会撞动手柄使其回到中间位置,位置开关 SQ5(或 SQ6)复位,使电动机的传动链与左右丝杠脱离,电动机 M2 停转,工作台停止运动,从而实现左右进给的终端保护。

当手柄板向中间位置时,位置开关 SQ5 和 SQ6 均未被压合,进给控制电路处于断开状态。

② 工作台的上下和前后进给运动。工作台的上下和前后进给运动是由同一手柄控制的。

该手柄与位置开关 SQ3 和 SQ4 联动,有上、下、前、后、中 5 个位置。当手柄扳到中间位置时,位置开关 SQ3 和 SQ4 未被压合,工作台无任何进给运动;当手柄扳到上或后位置时,位置开关 SQ4 被压合,使其动断触点 SQ4-2 分断,动合触点 SQ4-1 闭合,接触器 KM4 得电动作,电动机 M2 反转。若机械机构将电动机 M2 的传动链与前后进给丝杠搭合,电动机 M2 则带动溜板向后运动;若传动链与上下进给丝杠搭合,电动机 M2 则带动升降台向上运动。当手柄扳到下或前位置时,请读者参照上、后位置自行分析。和左右进给一样,工作台的上、下、前、后 4 个方向也均有极限保护,使手柄自动复位到中间位置,电动机和工作台停止运动。

③ 联锁控制。对上下、前后、左右 6 个方向的进给只能选择其一,不可能同时出现两个方向的进给。在两个手柄中,当一个操作手柄被置于某一进给方向时,另一个操作手柄必须置于中间位置,否则将无法实现任何进给运动。若将左右进给手柄扳向右,又将另一进给手柄扳到上位置时,则位置开关 SQ6 和 SQ4 均被压合,使 SQ6-2 和 SQ4-2 均分断,接触器 KM3 和 KM4 的通路均断开,电动机 M2 只能停转,保证了操作安全。

④ 工作台变速冲动。工作台变速与主轴变速时一样,为使齿轮进入良好的啮合状态,也要进行变速后的瞬时点动。进给变速时,必须先把进给操作手柄放在中间位置,然后将进给变速盘拉出,使进给齿轮松开,选好进给速度,再将变速盘推回原位。在推进过程中,挡块压下位置开关 SQ2,使触点 SQ2-2 分断、SQ2-1 闭合,接触器 KM3(经 SA2-1→SQ5-2→SQ6-2→SQ2-1→KM4 动断→接触器 KM3 线圈)得电吸合,电动机 M2 起动。但随着变速盘的复位,位置开关 SQ2 也复位,使 KM3 断电释放,电动机 M2 失电停转。电动机 M2 瞬时点动一下,齿轮系统依次产生抖动,使齿轮顺利啮合。如果齿轮没有啮合好,则可以重复上述过程,直到齿轮啮合。

⑤ 工作台快速移动。在加工过程中,在不进行铣削加工时,为了减少生产辅助时间,可使工作台快速移动,当进入铣削加工时,要求工作台仍以原进给速度移动。6 个方向的快速移动是通过两个进给操作手柄和快速移动按钮配合实现的。

安装好工件,扳动进给操作手柄选定进给方向,按下快速移动按钮 SB3 或 SB4(两地控制),接触器 KM2 线圈得电,KM2 的一个动合触点接通进给控制线路,为工作台 6 个方向的快速移动做好准备;另一个动合触点接通电磁离合器 YC3,使电动机 M2 与进给丝杠直接搭合,实现工作台的快速进给;KM2 的动断触点分断,电磁离合器 YC2 失电,使齿轮传动链与进给丝杠分离。当快速移动到预定位置时,松开快速移动按钮 SB3 或 SB4,接触器 KM2 断电释放,电磁离合器 YC3 断开,YC2 吸合,快速移动停止。快速移动必须在没有铣削加工时进行,否则会损坏刀具或设备。

⑥ 圆工作台的控制。为了提高铣床的加工能力,可在工作台上安装附件——圆工作台,实现对圆弧或凸轮的铣削加工。圆工作台工作时,所有的进给系统均停止工作,实现联锁。转换开关 SA2 是用来控制圆工作台工作的。当圆工作台工作时,将 SA2 扳到"接通"位置,此时触点 SA2-1 和 SA2-3 断开,触点 SA2-2 闭合,电流经 KM1→SQ2-2→SQ3-2→SQ4-2→SQ6-2→SQ5-1→SQ2-2→KM4 动断触点→接触器 KM3 线圈得电吸合,电动机 M2 起动,通过一根专用轴带动圆工作台做旋转运动。当不需要圆工作台工作时,将转换开关 SA2 扳到"断开"位置,此时触点 SA2-1 和 SA2-3 闭合,触点 SA2-2 断开,保证工作台在 6 个方向的进给运动。圆工作台的旋转运动与 6 个方向的进给运动也是联锁的。

按表 6-2-3 进行操作,观察进给电动机 M2 的工作情况,并做好记录。

表 6-2-3　进给泵电动机 M2 的控制

序号	项　目	操作内容	观察内容	正常结果
1	工作台的左右进给运动	手柄扳到左位置	KM3	吸合
			进给电动机 M2	正向运转
		手柄扳到右位置	KM4	吸合
			进给电动机 M2	反向运转
2	工作台的上下和前后进给运动	手柄扳到上或后位置	KM3	吸合
			进给电动机 M2	正向运转
		手柄扳到下或前位置	KM4	吸合
			进给电动机 M2	反向运转
3	联锁控制	左右进给手柄扳向右,另一进给手柄扳到上位置	KM3、KM4	释放
			进给电动机 M2	停转
4	工作台变速冲动	进给手柄放在中间,拉出变速盘,选择进给速度,变速盘推回原位	进给齿轮	松开
			KM3	吸合
			M2	起动运转
			齿轮系统	依次抖动啮合
5	工作台快速移动	扳动手柄选择进给方向,按下 SB3 或 SB4	KM2	吸合
			YC2	接通
			M2	快速进给
		松开 SB3 或 SB4	KM2	释放
			YC2	断开
			M2	停转
6	圆工作台的控制	SA2 扳到接通位置	KM3	吸合
			M2	起动运转
		SA2 扳到断开位置	KM3	释放
			M2	停转

3. 照明电路控制

铣床照明由变压器 T1 供给 24 V 安全电压,由转换开关 SA4 控制。照明电路的短路保护由熔断器 FU5 实现。

(四) X62W 万能铣床电气控制系统的检修

观察故障现象,结合 X62W 万能铣床的电气原理图,参考表 6-2-4 进行检修。

表 6-2-4　X62W 万能铣床电气系统故障的检修

故 障 现 象	故障原因分析	故障排除与检修
电动机均 不能起动	组合开关 QS1 损坏	检查三相电压是否正常,修复或更换 QS1
	熔断器 FU1、FU2、FU3 熔断	查明熔断原因并更换熔体或熔断器
	热继电器 FR 动作	查明 FR 动作原因并排除
	瞬动限位开关 SQ1 的常闭触点 SQ1-2 接触不良	检修 SQ1 的常闭触点
主轴电动机变速 时无冲动过程	瞬动限位开关 SQ1 的常开触点 SQ1-1 接触不良	检修 SQ1-1 常开触点
	机械顶端不动作或未碰上瞬动限 位开关 SQ1	检修机械顶端使其动作
主轴停车后产生 短时反向旋转	接触器 KM1 的联锁触点接触 不良	清除 KM1 联锁触点油污或调整触点压力
按停止按钮 主轴不停车	接触器 KM1 主触点熔焊	查明原因更换主触点
	停止按钮触点断路	更换停止按钮
进给电动机 不能起动(主轴 电动机能起动)	接触器 KM3 或 KM4 线圈断线, 主触点和联锁触点接触不良	检修 KM3、KM4 主触点和线圈及联锁触点
	转换开关 SA1 或 SA2 接触不良	检修 SA1 或 SA2

任务 6.3　M7130 型平面磨床电气系统的分析与故障检修

【任务目标】

(1) 掌握 M7130 型平面磨床的基本结构及主要运动形式。

(2) 能识读 M7130 型平面磨床的电气控制原理,分析电气控制电路。

(3) 能正确分析 M7130 型平面磨床电气系统的常见故障。

(4) 会用仪表和工具检修 M7130 型平面磨床电气系统的常见故障。

【任务描述】

本任务是分析 M7130 型平面磨床的电气控制线路,查找故障点并进行故障维修。

【相关知识】

(一) 认识 M7130 型平面磨床

磨床是用砂轮对工件的表面进行磨削加工的一种精密机床。磨床的种类很多,有平面磨床、外圆磨床、内圆磨床和螺纹磨床等。其中平面磨床应用最为普遍。平面磨床是用砂轮加工工件各种表面的机床,一般用于对零件淬硬表面做磨削加工,加工精度高、加工后表面粗糙度小。

1. M7130 型平面磨床的结构组成与工作原理

M7130 型平面磨床主要由床身、工作台、电磁吸盘、立柱、砂轮箱与滑座等组成。工作台面的 T 形槽用螺钉和压板将工件固定在工作台上,也可以用电磁吸盘来吸持铁磁性工件。砂轮箱内装有砂轮和砂轮电动机,砂轮电动机直接带动砂轮旋转。砂轮箱装在滑座上,滑座装在立柱上,如图 6-3-1 所示。

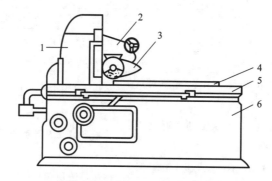

图 6-3-1 M7130 型平面磨床
1—立柱;2—滑座;3—砂轮箱;4—电磁吸盘;5—工作台;6—床身

工作时,砂轮旋转,同时工作台带动工件右移,工件被磨削。然后,工作台带动工件快速左移,砂轮向前做进给运动,工作台再次右移,工件上新的部位被磨削。工作台每完成一次往复运动,砂轮箱便做一次间断性的横向进给;当加工完整个平面后,砂轮架在立柱导轨上向下移动一次(进刀),将工件加工到所需的尺寸。

2. M7130 型平面磨床的运动形式

M7130 型平面磨床的主运动是砂轮的旋转运动,进给运动为工作台和砂轮的纵向往返运动,辅助运动为砂轮箱的升降运动。

(1)主运动:笼型异步电动机直接拖动砂轮旋转,对工件进行磨削加工,砂轮的运动不需要调速。

(2)进给运动:工作台每完成一次纵向进给运动,砂轮自动做一次横向进给运动,只有当加工完整个平面以后,砂轮才通过手动做垂直进给运动。

(3)辅助运动:砂轮箱升降运动。

3. M7130 型平面磨床的电气控制

(1)砂轮由一台笼型异步电动机拖动,因为砂轮的转速一般不需要调节,所以对砂轮电动机没有电气调速的要求,其也不需要反转,可直接起动。

(2)液压泵电动机拖动液压泵,经液压装置带动工作台和砂轮进行往复运动和横向的自动进给,并承担工作台导轨的润滑。对液压泵电动机也没有电气调速、反转和降压起动的要求。液压传动较平稳,能实现无级调速,换向时惯性小,换向平稳。换向是通过工作台上的撞块碰撞床身上的液压换向开关来实现的。

(3)冷却泵电动机带动冷却泵给砂轮和工件供冷却液,同时利用冷却液带走磨削下来的铁屑。冷却泵电动机与砂轮电动机也具有联锁关系,即要求砂轮电动机起动后才能开动冷却泵电动机。

(4)采用电磁吸盘来吸持磨削工件。电磁吸盘要有退磁电路,同时,为防止在磨削加工时因电磁吸盘吸力不足而造成工件飞出,还要求有弱磁保护环节。

(5)具有各种常规的电气保护环节(如短路保护和电动机的过载保护);具有安全的局部照明装置和信号指示灯。

（二）M7130 型平面磨床电气控制电路的分析

M7130 型平面磨床电气控制电路图分为主电路及其控制电路、电磁吸盘电路、信号指示及照明电路等三个单元，如图 6-3-2 所示。M7130 型平面磨床电气控制系统主要元器件见表 6-3-1。

1. 主电路分析

主电路中共有三台电动机，其中 M1 为砂轮电动机，拖动砂轮旋转；M2 为冷却泵电动机，拖动冷却泵供给磨削加工时需要的冷却液；M3 为液压泵电动机，用于拖动液压泵提供油压，驱动砂轮架的升降、进给以及工作台的往复运动。M1、M2、M3 只进行单方向运转，且磨削加工无调速要求；当砂轮电动机 M1 起动后，才可起动冷却泵电动机 M2。用接触器 KM1 控制砂轮电动机 M1，用热继电器 FR1 进行过载保护。冷却泵电动机用热继电器 FR2 作过载保护。用接触器 KM2 控制液压泵电动机 M3，用热继电器 FR3 作过载保护。

2. 控制电路分析

控制电路采用交流 380 V 控制电源，它由砂轮电动机控制部分、液压泵电动机控制部分、电磁吸盘控制部分以及 24 V 机床局部照明部分组成。转换开关 QS2 与欠电流继电器 KA 的常开触头并联，只有 QS2 或 KA 的常开触头闭合时，三台电动机才有条件起动，KA 的线圈串联在电磁吸盘 YH 工作回路中，只有当电磁吸盘得电工作时，KA 线圈才得电吸合，KA 常开触头闭合。此时按下起动按钮 SB1（或 SB3）使接触器 KM1（或 KM2）线圈得电吸合，砂轮电动机 M1 或液压泵电动机 M3 才能运转。这样实现了只有在工件被电磁吸盘 YH 吸住的情况下，砂轮和工作台才能进行磨削加工，保证了安全。砂轮电动机 M1 和液压泵电动机 M3 均采用了接触器自锁正转控制线路。它们的起动按钮分别是 SB1、SB3，停止按钮分别是 SB2、SB4。

（1）电磁吸盘电路的分析。

电磁吸盘电路包括整流电路、控制电路和保护电路三部分。整流变压器 T1 将 220 V 的交流电压降为 145 V，然后经桥式整流后输出 110 V 直流电压。QS2 是电磁吸盘 YH 的转换开关，有"励磁"（吸合）、"断电"（放松）和"退磁"三个位置。QS2 放置吸合位置→触点（205—206）和触点（208—209）闭合→分两路：一路电磁吸盘 YH 通电，工件被吸住；另一路 KA 得电→KA 触点（3—4）闭合→控制砂轮和液压泵电动机工作。

磨削加工完毕，先将 QS2 扳到"断电"位置，YH 的直流电源被切断，由于工件仍具有剩磁而不能被取下，因此必须进行退磁。将 QS2 扳到"退磁"位置，触点（204—207）和触点（205—206）闭合，此时反向电流通过退磁电阻 R2 对电磁吸盘 YH 退磁。退磁结束后，将 QS2 扳到"断电"位置，即可将工件取下。

若工件被夹在工作台上，而不需要电磁吸盘时，应将 YH 的 X2 插头拔下，同时将 QS2 扳到"退磁"位置，QS2 的常开触头（3—4）闭合，接通电动机的控制电路。

电磁吸盘具有欠电流保护、过电压保护及短路保护等功能。

为了防止电磁吸盘电压不足或加工过程中出现断电，造成工件脱出而发生事故，在电磁吸盘电路中串入欠电流继电器 KA。由于电磁吸盘本身是一个大电感，在它脱离电源的一瞬间，它的两端会产生较大的自感电动势，使线圈和其他电器因过电压而损坏，故用放电电阻 R3 来吸收线圈释放的磁场能量。电容器 C 与电阻 R1 串联是为了防止电磁吸盘回路交流侧的过电压。熔断器 FU4 为电磁吸盘提供短路保护。

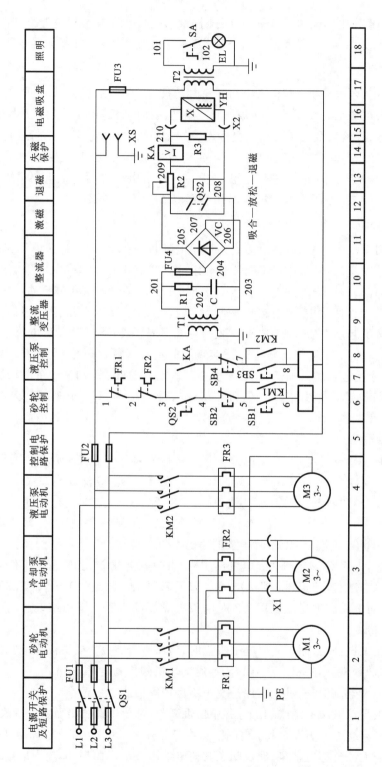

图 6-3-2 M7130型平面磨床电气控制电路图

表 6-3-1　M7130 型平面磨床电气控制系统主要元器件

单元	区位	元器件名称	电气符号	型　号	规　格	说　明
电源	1	组合开关	QS1	HZ1-25/3	380 V,60 A	三相电源总开关
	6	组合开关	QS2	HZ1-10P/3	380 V,10 A	控制电磁吸盘
	2	熔断器	FU1	RL1-60/3	60 A,熔体 30 A	电源短路保护
	5	熔断器	FU2	RL1-15	15 A,熔体 5 A	控制电路短路保护
	17	熔断器	FU3	BLX-1	1 A	照明电路短路保护
	10	熔断器	FU4	RL1-15	15 A,熔体 2 A	保护电磁吸盘
	9	整流变压器	T1	BK-400, 400 V·A	AC220 V/AC145V	降压
	17	照明变压器	T2	BK-50, 50 V·A	AC380 V/AC24 V	照明电源
	11	整流器	VC	GZH	1 A,200 V	整流输出直流电压
主电路	2	热继电器	FR1	JR10-10	整定电流 9.5 A	M1 的过载保护
	3	热继电器	FR2	JR10-10	整定电流 3.4 A	M2 的过载保护
	4	热继电器	FR3	JR10-10	整定电流 6.1 A	M3 的过载保护
	2	砂轮电动机	M1	4.5 kW	220 V/380 V,1440 r/min	驱动砂轮
	3	冷却泵电动机	M2	125 W	220 V/380 V,2790 r/min	驱动冷却泵
	4	液压泵电动机	M3	2.8 kW	220 V/380 V,1450 r/min	驱动液压泵
控制电路	16	电磁吸盘	YH	1.2 A	110 V	夹持工件
	6	接触器	KM1	CJ10-10	10 A, AC380 V	控制电动机 M1、M2
	8	接触器	KM2	CJ10-10	10 A, AC380 V	控制电动机 M3
	14	欠电流继电器	KA	JT3-11L	1.5 A	欠电流保护
	6	按钮	SB1	LA2	绿色	起动电动机 M1
	6	按钮	SB2	LA2	红色	停止电动机 M1
	8	按钮	SB3	LA2	绿色	起动电动机 M3
	8	按钮	SB4	LA2	红色	停止电动机 M3
	10	电阻器	R1	GF	6 W,125 Ω	放电保护电阻
	13	电阻器	R2	GF	50 W,1000 Ω	去磁电阻
	15	电阻器	R3	GF	50 W,500 Ω	放电保护电阻
	10	电容器	C		600 F,5 μF	保护用电容
	18	照明灯	EL	JD3	24 V,40 W	工作照明
	3	接插器	X1	CY0-36		电动机 M2 用
	15	接插器	X2	CY0-36		电磁吸盘用

（2）液压电动机控制。

SB3、SB4 为液压泵电动机 M3 的起动和停止按钮,在 QS2 或 KA 的常开触点闭合情况下,按下 SB3 按钮,KM2 线圈得电,其辅助触点闭合自锁,电动机 M3 旋转,按钮 SB4 即可停止。

（3）砂轮和冷却泵电动机控制。

在控制电路中，SB1、SB2 为砂轮电动机 M1 和冷却泵电动机 M2 的起动和停止按钮，在 QS2 或 KA 的常开触点闭合情况下，按下按钮 SB1，KM1 线圈得电，其辅助触点闭合自锁，电动机 M1 和 M2 旋转，按下按钮 SB2，砂轮和冷却泵电动机停止。

（4）照明控制电路。

照明变压器 T2 将 380 V 的交流电压降压为 36 V 的安全电压。照明灯 EL 一端接地，另一端由开关 SA 控制。熔断器 FU3 用于照明电路的短路保护。

（三）M7130 型平面磨床电气控制电路的操作运行

1. 电磁吸盘电路的操作控制

将 QS2 放置于吸合位置：一路电磁吸盘 YH 通电，工件被吸住；另一路 KA 得电闭合，控制砂轮和液压泵电动机工作。

2. 液压泵电动机 M3 操作控制

在 QS2 或 KA 的常开触点闭合、电磁吸盘工作的情况下，按下起动按钮 SB3，KM2 线圈得电，其辅助触点闭合自锁，电动机 M3 旋转，按下停止按钮 SB4，电动机 M3 即可停止。

3. 砂轮和冷却泵电动机 M1、M2 控制

在 QS2 或 KA 的常开触点闭合、电磁吸盘工作的情况下，按下起动按钮 SB1，KM1 线圈得电，其辅助触点闭合自锁，电动机 M1 和 M2 旋转，按下停止按钮 SB2，砂轮和冷却泵电动机停止。

4. 照明电路操作控制

直接由开关 SA 控制照明电路。

为了观察砂轮电动机 M1、冷却泵电动机 M2、液压泵电动机 M3 的动作情况，可以按表 6-3-2 进行逐项操作，并做好记录。

表 6-3-2　电动机 M1、M2、M3 的控制

序　号	项　　目	操 作 内 容	观 察 内 容	正 常 结 果
1	电磁吸盘操作	QS2 放置于吸合位置	YH	通电
			KA	吸合
2	液压泵电动机 M3 操作	QS2 放置于吸合位置，按下 SB3	KM2	吸合
			M3	运转
		QS2 放置于吸合位置，按下 SB4	KM2	释放
			M3	停止
3	砂轮和冷却泵电动机 M1、M2 操作	QS2 放置于吸合位置，按下 SB1	KM1	吸合
			M1、M2	运转
		QS2 放置于吸合位置，按下 SB2	KM1	释放
			M1、M2	停止
4	照明电路操作	SA 转到接通状态	EL	接通

（四）M7130 型平面磨床电气控制系统的检修

观察故障现象,结合 M7130 型平面磨床的电气原理图,参考表 6-3-3 进行检修。

表 6-3-3 M7130 型平面磨床电气系统故障的检修

故 障 现 象	故障原因分析	故障排除与检修
电动机 M1、M2、M3 均不能起动	组合开关 QS1 损坏	合上 QS1,若电源灯不亮,则用万用表交流电压挡测量 QS1 触点之间电压,若输入为 380 V,输出不是,则可确定 QS1 损坏,修复或更换 QS1
	熔断器 FU1、FU2 FU3、FU4 熔断	合上 QS1,用万用表交流电压挡测量熔断器的电压,若有输入没输出,则熔断器故障,更换熔体或熔断器
	欠电流继电器故障	合上 QS1,按住 SB7,KM4 能吸合,用万用表交流电压挡测量 KM4 主触点之间的电压,正常为 380 V,若不正常,则更换或修复主触点
砂轮电动机 M1 不工作	砂轮进刀量过大,引起热继电器动作	减少进刀量,防止电动机过载
	装入式电动机前轴瓦磨损	更换磨损的轴瓦
	接触器 KM1 接触不良	修复或更换接触器
电磁吸盘 YH 没有吸力或吸力不足	控制变压器 T1 损坏	检查变压器 T1 两端或整流桥的输出直流电压是否正常,若不正常,则修理或更换
	熔断器 FU4 的熔体熔断	用万用表交流电压挡测量熔断器的电压,若不正常,则更换熔体
	电磁吸盘 YH 线圈断路	在机床断电情况下,用万用表测量电磁吸盘的阻值,若不正常,则更换电磁吸盘
	接插器 X2 接触不良或线头松脱	在接插器 X2 插座两端的电压正常的情况下,测量电磁吸盘线圈电压,正常为 110 V,若不正常,则更换或修复插头,紧固接线
	整流器输出端的直流电压过低	用万用表直流电压挡测量整流桥输出电压,正常为 110 V,若不正常,则更换或修复

参 考 文 献

[1] 周蕾.电气控制系统安装与调试[M].北京:清华大学出版社,2016.

[2] 张云龙,石磊.维修电工操作技能[M].北京:清华大学出版社,2015.

[3] 朱晓慧,党金顺.电气控制技术[M].北京:清华大学出版社,2017.

[4] 冯泽虎.电机与电气控制技术[M].2版.北京:高等教育出版社,2018.

[5] 郁汉琪.机床电气控制技术[M].2版.北京:高等教育出版社,2015.

[6] 殷春燕.电气控制线路安装与维修[M].北京:科学出版社,2019.

[7] 王兆明,王枫.精选电气控制电路[M].北京:化学工业出版社,2014.

[8] 姚锦卫,李国瑞.电气控制技术项目教程[M].3版.北京:机械工业出版社,2018.

[9] 苗玲玉,韩光坤,殷红.电气控制技术[M].3版.北京:机械工业出版社,2021.

■ 策划编辑：王　勇
■ 责任编辑：戡凤平
■ 封面设计：廖亚萍

华中科技大学出版社 机械图书分社

E-mail: hustp_jixie@163.com

华中机械

华中出版

ISBN 978-7-5680-7772-9

9 787568 077729

定价：49.80元(含实训报告)

电气控制技术实训报告

姓名_____

学号_____

班级_____

学院_____

目　　录

项目 1　常用低压电器的识别与检测

任务 1.1　常用低压配电电器的识别与检测

一、刀开关的识别与检测

【小组讨论】

（1）刀开关的用途与功能是什么？

_____

_____

（2）绘制刀开关的电气符号。

【实践操作】

　　认真观察刀开关的外形、结构，识别与检测 HK1 系列刀开关，并将识别与检测操作结果填入表 1-1-1 中。

表 1-1-1　刀开关的识别与检测操作记录

序号	任务内容	操作记录	任务评价
1	识读型号	型号为_____，极数为____，额定电流为_____A，额定电压为_____V	
2	识别接线端	接线座上端为_____端，接线座下端为_____端	
3	识别结构组成	结构组成包括_____	
4	检测开关的好坏	选择万用表_____挡，用两支表笔分别搭接在开启式负荷开关的进、出线端子上。当合上开关时，阻值为_____，则开启式负荷开关_____（正常或断路）	

【拓展思考】

请与小组成员讨论并记录刀开关在安装过程中有哪些注意事项。

_____

_____

二、组合开关的识别与检测

【小组讨论】

(1) 组合开关的用途与功能是什么？

_____

(2) 绘制组合开关的电气符号。

【实践操作】

认真观察组合开关的外形、结构,识别与检测 HZ10 系列组合开关,并将识别与检测操作结果填入表 1-1-2 中。

表 1-1-2　组合开关的识别与检测操作记录表

序号	任务内容	操 作 记 录	任务评价
1	识读型号	型号为 _____,极数为 ____,额定电流为 _____ A,额定电压为 _____ V	
2	识别接线端	接线座上端为 _____端,接线座下端为 _____端	
3	识别结构组成	结构组成包括 _____ _____	
4	检测开关的好坏	选择万用表 _____挡,用两支表笔分别搭接在组合开关的进、出线端子上。当手柄旋到"0"位置时,阻值为 _____;当手柄旋到"1"位置时,阻值为 _____,则组合开关 _____(正常或断路)	

【拓展思考】

请与小组成员讨论并记录组合开关在使用中有哪些注意事项。

_____

_____

_____

三、低压断路器的识别与检测

【小组讨论】

(1)低压断路器的用途与功能是什么?

_____

_____

(2)常用的低压断路器有哪几种类型?绘制低压断路器的电气符号。

（3）低压断路器由哪几部分组成？描述低压断路器的工作原理。

_____

_____

_____

【实践操作】

认真观察低压断路器的外形、结构，识别与检测 DZ 系列低压断路器，并将识别与检测操作结果填入表 1-1-3 中。

表 1-1-3　低压断路器的识别与检测操作记录表

序号	任务内容	操作记录	任务评价
1	识读型号	型号为_____，极数为____，额定电流为_____A，额定电压为_____V	
2	识别接线端	接线座上端为_____端，接线座下端为_____端	
3	识别结构组成	结构组成包括_____	
4	检测低压断路器的好坏	选择万用表_____挡，用两支表笔分别搭接在低压断路器的进、出线端子上。当合上低压断路器时，阻值为_____，断开低压断路器时，阻值为_____，则低压断路器_____（正常或断路）	

【拓展思考】

请与小组成员讨论并记录低压断路器在安装过程中有哪些注意事项。

_____

_____

_____

四、熔断器的识别与检测

【小组讨论】

（1）熔断器的用途与功能是什么？

_____

_____

（2）常用的熔断器有哪几种类型？绘制熔断器的电气符号。

【实践操作】

认真观察熔断器的外形、结构，识别与检测 RT18 系列熔断器，并将识别与检测操作结果填入表 1-1-4 中。

表 1-1-4　熔断器的识别与检测操作记录表

序号	任务内容	操作记录	任务评价
1	识读型号	型号为_____，极数为____，额定电流为_____A，额定电压为_____V	
2	识别接线端	接线座上端为_____端，接线座下端为_____端	
3	识别结构组成	结构组成包括_____	
4	检测熔断器的好坏	选择万用表_____挡，用两支表笔分别搭接在熔断器的进、出线端子上，测得阻值为_____，熔断器_____（正常或断路）	

【拓展思考】

请与小组成员讨论并记录熔断器在安装过程中有哪些注意事项。

_____

_____

_____

任务 1.2　常用低压控制电器的识别与检测

一、交流接触器的识别与检测

【小组讨论】

（1）交流接触器的用途与功能是什么？

_____

_____

（2）绘制接触器的电气符号。

（3）交流接触器的结构组成包括哪几部分？

_____

_____

【实践操作】

认真观察交流接触器的外形、结构，识别与检测 CJ20 系列交流接触器，并将识别与检测操作结果填入表 1-2-1 中。

表 1-2-1　交流接触器的识别与检测操作记录表

序号	任务内容	操作记录	任务评价
1	识读交流接触器的型号	交流接触器的型号为＿＿＿＿＿＿＿＿	
2	识别交流接触器线圈的额定电压	交流接触器线圈的额定电压为＿＿＿＿＿＿	
3	识别线圈的接线端	交流接触器线圈接线端子标号为＿＿＿＿＿	
4	识别主触点接线端	交流接触器主触点接线端子标号为＿＿＿＿	
5	识别常开辅助触点接线端	交流接触器常开辅助触点接线端子标号为＿＿＿＿	
6	识别常闭辅助触点接线端	交流接触器常闭辅助触点接线端子标号为＿＿＿	
7	压下接触器支架，观察触点吸合情况	边压边观察动、静触点接触情况，先断开，＿＿＿＿＿＿后闭合	
8	释放接触器支架，观察触点复位情况	边压边观察动、静触点接触情况，先复位，＿＿＿＿＿＿后复位	
9	判别三对常开触点的好坏	常态时，各触点的测量阻值约为＿＿＿＿＿＿，压下接触器支架后，测量阻值为＿＿＿＿＿	
10	检测常闭辅助触点常开的好坏	常态时，常开触点的阻值为＿＿＿＿＿，常闭触点的阻值约为＿＿＿＿＿，压下接触器支架后，常开触点的阻值约为＿＿＿＿＿，常闭触点的阻值	
11	测量各触点接线子相间的阻值	接触器支架后测量各对触点相间阻值	
12	测量线圈电阻，判别线圈好坏	＿＿＿＿＿挡测量线圈阻值为＿＿＿＿＿（合格或不合格）	

【拓展思考】

请与小组成员分析讨论并记录交流接触器以下故障产生的原因：

（1）触点熔焊；（2）触点磨损；（3）线圈失电后触点不复位；（4）铁芯振动或噪声大。

_____

_____

_____

二、按钮的识别与检测

【小组讨论】

（1）按钮的用途与功能是什么？

_____

_____

（2）绘制常开起动按钮、常闭停止按钮和复合按钮的电气符号。

（3）起动按钮、停止按钮和复合按钮对应的颜色是什么？

_____

_____

【实践操作】

认真观察按钮的外形、结构、颜色，识别与检测按钮，并将识别与检测操作结果填入表 1-2-2 中。

表 1-2-2　按钮的识别与检测操作记录表

序号	任务内容	操作记录	任务评价
1	观察按钮的颜色	绿色为_____按钮，红色为_____按钮	

序号	任务内容	操作记录	任务评价
2	识别按钮的常闭触点	观察按钮找到常闭触点,常闭触点的支架颜色为_____;常闭触点的动触点与静触点处于_____状态	
3	识别按钮的常开触点	观察按钮找到常开触点,常开触点的支架颜色为_____;常开触点的动触点与静触点处于_____状态	
4	按下按钮,观察触点动作情况	边按边看,_____触点先断开,_____触点后闭合	
5	松开按钮,观察触点动作情况	边松边看,_____触点先复位,_____触点后复位	
6	检测判别常闭触点的好坏	将万用表置于_____挡,将两支表笔分别搭接在常闭触点两端。常态时,测得阻值为_____;按下按钮后测得阻值为_____	
7	检测判别常开触点的好坏	将万用表置于_____挡,将两支表笔分别搭接在常开触点两端。常态时,测得阻值为_____;按下按钮后测得阻值为_____	

【拓展思考】

小明在安装电路时,用绿色按钮的常闭触点作为停止按钮,用红色按钮的常开触点作为起动按钮,请认真思考这样使用按钮是否正确?

_____

_____

_____

三、热继电器的识别与检测

【小组讨论】

(1)热继电器的用途与功能是什么?

_____

(2)绘制热继电器的电气符号。

（3）热继电器的工作原理是什么？

_____

_____

【实践操作】

认真观察热继电器的外形、结构，识别与检测热继电器，并将识别与检测操作结果填入表 1-2-3 中。

表 1-2-3 热继电器的识别与检测记录表

序号	任务内容	操作记录	任务评价
1	识读型号	热继电器的型号为_____，额定电流为_____	
2	识读铭牌	铭牌在_____标有_____ _____	
3	识别整定电流旋钮	整定电流的调节范围为_____	
4	识别复位按钮	复位按钮的标志为_____	
5	识别测试键	测试键的标志为_____	
6	识别热元件接线端子	热元件接线端编号为_____ _____	
7	识别常开触点接线端子	常开触点接线端子标号为_____	
8	识别常闭触点接线端子	常闭触点接线端子标号为_____	
9	检测常开、常闭触点的好坏	常态时用万用表测量阻值，常开阻值为_____ _____，常闭阻值约为_____	
		按下动作测试键后，常开阻值约为_____，常闭阻值为_____	
		压下接触器支架后测量各触点阻值，常开阻值为_____，常闭阻值为_____	

【拓展思考】

请与小组成员讨论热继电器安装的形式有哪些，安装时有哪些注意事项。

_____

_____

_____

四、时间继电器的识别与检测

【小组讨论】

(1) 时间继电器的用途与功能是什么？

_____

_____

(2) 绘制时间继电器的电气符号。

(3) 通电延时继电器和断电延时继电器的工作原理区别是什么？

_____

_____

【实践操作】

认真观察时间继电器的外形、结构，识别与检测时间继电器，并将识别与检测操作结果填入表 1-2-4 中。

表 1-2-4　时间继电器的识别与检测记录表

序号	任务内容	操作记录	任务评价
1	识读型号	时间继电器型号为＿＿＿＿＿＿＿＿＿＿＿＿	
2	识读铭牌	铭牌上标有＿＿＿＿＿＿＿＿＿＿＿＿＿＿＿	
3	识别整定时间调节旋钮	调节旋钮旁边标注的整定时间为＿＿＿＿＿＿	
4	识别延时常闭触点的接线端	延时常闭触点的接线端标注符号为＿＿＿＿＿	
5	识别延时常开触点的接线端	延时常开触点的接线端标注符号为＿＿＿＿＿	
6	识别瞬时常闭触点的接线端	瞬时常闭触点的接线端标注符号为＿＿＿＿＿	

序号	任务内容	操作记录	任务评价
7	识别瞬时常开触点的接线端	瞬时常开触点的接线端标注符号为_____	
8	识别线圈的接线端	线圈的接线端标注符号为_____	
9	识读线圈参数	时间继电器线圈的额定电流为_____,额定电压为_____	
10	检测常开、常闭触点接线端的好坏	将万用表置于_____挡,两支表笔分别搭接在触点接线端两边。常态时,常开触点阻值为_____,常闭触点阻值为_____	
11	检测线圈的阻值	将万用表置于_____挡,两支表笔分别搭接在线圈接线端两边。检测线圈阻值约为_____,线圈质量_____(合格或不合格)	

【拓展思考】

请与小组成员讨论如何调整时间继电器的整定时间。

_____

_____

_____

五、速度继电器的识别与检测

【小组讨论】

(1) 速度继电器的用途与功能是什么?

_____

_____

(2) 绘制速度继电器的电气符号。

(3) 速度继电器的工作原理是什么?

_____

_____

【实践操作】

认真观察速度继电器的外形、结构，识别与检测速度继电器，并将识别与检测操作结果填入表 1-2-5 中。

表 1-2-5 速度继电器的识别与检测记录表

序号	任务内容	操作记录	任务评价
1	识读型号	速度继电器的型号为＿＿＿＿＿＿＿＿＿＿	
2	识读铭牌	铭牌上标有＿＿＿＿＿＿＿＿＿＿＿＿	
3	识别设定值调节螺钉	改变螺钉长短，KS 动作值、返回值将＿＿＿＿＿＿（改变或不改变）	
4	识别常开触点、常闭触点的接线端	打开端盖，接线端有＿＿＿＿＿＿个	
5	观察触点动作	正向旋转 KS，有＿＿＿＿＿＿组触点动作；反向旋转 KS，另有＿＿＿＿＿＿组触点动作	
6	识读线圈参数	速度继电器线圈额定电流为＿＿＿＿＿＿＿，额定电压为＿＿＿＿＿＿＿＿额定转速为＿＿＿＿＿	
7	检测常闭触点接线端的好坏	将万用表置于＿＿＿＿＿＿挡，两支表笔分别搭接在触点接线端两端，旋转 KS，当转速小于 150 r/min 时，阻值为＿＿＿＿＿＿；当转速大于 150 r/min 时，阻值为＿＿＿＿＿＿	
8	检测常开触点接线端的好坏	将万用表置于＿＿＿＿＿＿挡，两支表笔分别搭接在触点接线端两端，旋转 KS，当转速小于 150 r/min 时，阻值为＿＿＿＿＿＿；当转速大于 150 r/min 时，阻值为＿＿＿＿＿＿	

【拓展思考】

请与小组成员讨论速度继电器安装时有哪些注意事项。

_____

_____

六、行程开关的识别与检测

【小组讨论】

（1）行程开关的用途与功能是什么？

_____

_____

（2）绘制行程开关的电气符号。

【实践操作】

认真观察行程开关的外形、结构，识别与检测行程开关，并将识别与检测操作结果填入表 1-2-6 中。

表 1-2-6　行程开关的识别与检测记录表

序号	任务内容	操作记录	任务评价
1	识读型号	行程开关的型号为 ＿＿＿＿＿＿＿＿＿	
2	识别常闭触点	打开面板盖,常闭触点为桥形动触头和静触头处于 ＿＿＿＿＿＿＿＿ 状态	
3	识别常开触点	打开面板盖,常开触点为桥形动触头和静触头处于 ＿＿＿＿＿＿＿＿ 状态	
4	观察触点动作	压下行程开关,边压边观察,＿＿＿＿＿＿＿＿触点先断开,＿＿＿＿＿触点后闭合;松开行程开关,边松边观察,＿＿＿＿＿触点先复位,＿＿＿＿＿触点后复位	
5	检测常闭触点的好坏	将万用表置于 ＿＿＿＿＿＿＿＿ 挡,两支表笔分别搭接在触点接线端两端,常态时,常闭触点的阻值约为 ＿＿＿＿＿＿＿＿;压下行程开关后测得阻值为 ＿＿＿＿＿＿＿＿,常闭触点质量 ＿＿＿＿＿＿＿＿（合格或不合格）	
6	检测常开触点的好坏	将万用表置于 ＿＿＿＿＿＿＿＿ 挡,两支表笔分别搭接在触点接线端两端,常态时,常开触点的阻值为 ＿＿＿＿;压下行程开关后测得阻值约为 ＿＿＿＿＿＿,常开触点质量 ＿＿＿＿＿＿＿＿（合格或不合格）	

【拓展思考】

请与小组成员讨论行程开关安装时有哪些注意事项。

＿＿＿＿＿＿＿＿＿＿＿＿＿＿＿＿＿＿＿＿＿＿＿＿＿＿＿＿＿＿＿＿＿＿＿＿＿

＿＿＿＿＿＿＿＿＿＿＿＿＿＿＿＿＿＿＿＿＿＿＿＿＿＿＿＿＿＿＿＿＿＿＿＿＿

＿＿＿＿＿＿＿＿＿＿＿＿＿＿＿＿＿＿＿＿＿＿＿＿＿＿＿＿＿＿＿＿＿＿＿＿＿

项目 2　三相异步电动机直接起动控制电路的安装与调试

任务 2.1　点动控制电路的安装与调试

一、三相异步电动机的识别与检测

【小组讨论】

(1) 三相异步电动机的结构组成是什么？

_____

_____

(2) 绘制三相异步电动机的电气符号。

【实践操作】

(1) 观察三相异步电动机的铭牌,将铭牌中的技术参数填入表 2-1-1 中。

表 2-1-1　三相异步电动机的技术参数

型号	额定功率 /kW	额定电流 /A	效率 /(%)	功率因数	接法	绝缘等级	工作制

(2) 拆下三相异步电动机的接线盒盖,认真观察三相对称定子绕组的接线端子,参考配套教材中图 2-1-5 分别将定子绕组连接成△形接法和 Y 形接法。

二、三相异步电动机点动控制电路的安装与调试

【小组讨论】

小组讨论分析点动控制电路的工作过程,并用流程图描述。

【计划准备】

（1）在点动控制电路图（图 2-1-1）中标注线号。

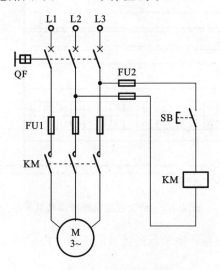

图 2-1-1　点动控制电路图

（2）在点动控制模拟接线图（图 2-1-2）上用导线将元器件连接起来,注意区分常开触点和常闭触点。

（3）根据点动控制电路的组成选择需要的元器件,并将正确的元器件信息填入表 2-1-2 中。

表 2-1-2　点动控制电路元器件明细表

序　　号	元器件名称	型号及规格	数　　量	作　　用
1				
2				
3				
4				
5				
6				
7				

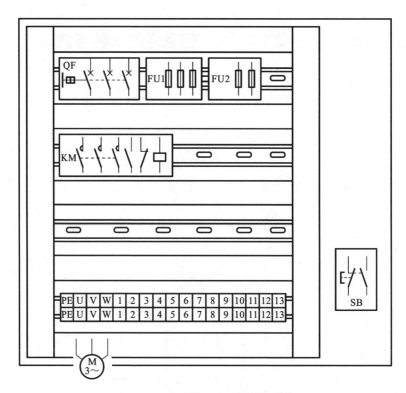

图 2-1-2　点动控制电路模拟接线图

（4）根据实训的内容和要求选择合适的工具。电动机点动控制电路安装与调试工具清单见表 2-1-3。

表 2-1-3　点动控制电路安装与调试工具清单

序　　号	工 具 名 称	需要（√或×）
1	十字螺丝刀	
2	一字螺丝刀	
3	尖嘴钳	
4	斜口钳	
5	剥线钳	
6	压线钳	
7	镊子	
8	验电笔	
9	数字万用表	
10	指针式万用表	

【实践操作】

在实训台上安装电动机点动控制电路,并完成线路检测与功能调试。

(1) 安装。

① 按照电动机点动控制电路模拟接线图完成点动控制电路实际接线,并将安装工作步骤、注意事项和工具等内容按要求填入表 2-1-4 中。

表 2-1-4　点动控制电路安装与调试工作表

序　　号	工 作 步 骤	注 意 事 项	使 用 工 具
1			
2			
3			
4			
5			
6			
7			
8			

② 注意事项:接线时必须先接负载端,后接电源端。

(2) 自检。

① 外观检查。目视检查各检测点是否存在缺陷,并将检查结果填入表 2-1-5 中。

表 2-1-5　点动控制电路自检记录表

序号	检 查 项 目	检 查 内 容	结果符合(√或×)
1	元器件安装	布局合理、间距均匀	
2	元器件外观质量	防护齐全、无损伤	
3	标记、线号	完整、可读	
4	接线头工艺	所有导线两端压装接线头	
5		同一端子不超过两个接线头	
6		不压绝缘层、不露铜、不反圈	
7	导线工艺	横平竖直,垂直进入线槽	
8		导线无损伤,不拼接	
9		主电路三相电线用黄绿红三种颜色区分	
10		零线用蓝线	
11		接地线用黄绿线区分	
12		控制电路与主电路用导线颜色和线径加以区分	

序号	检查项目	检查内容	结果符合(√或×)
13	线槽工艺	所有连接线垂直进线槽	
14	安全意识	不带电操作	
15	操作规范	工具使用合理	
16		工具、耗材摆放整齐,不脚踩工具等	
17	文明生产	清扫卫生	
18	团队协作	分工协作、互相配合、共同探讨	

② 功能检查。根据点动控制电路的工作原理,断开 QF,分别操作按钮和接触器的触头支架,记录万用表的数值,并与正确值对比,分析电路的通断情况。按要求填写表 2-1-6 和表 2-1-7。

表 2-1-6　主电路检查记录表

检查内容	检测点	状　态	正确阻值	检测结果
短路排查	L11—L21	常态或 KM 动作	∞	
	L21—L31	常态或 KM 动作	∞	
	L11—L31	常态或 KM 动作	∞	
线路逻辑检查	L11—U	KM 动作	$\infty \rightarrow 0$	
	L21—V	KM 动作	$\infty \rightarrow 0$	
	L31—W	KM 动作	$\infty \rightarrow 0$	

备注:KM 动作是指线路不通电时按下 KM 触头支架。

表 2-1-7　控制电路检查记录表

检　测　点	状　态	正确阻值	检测结果
L31—L21	常态	∞	
L31—L21	按下 SB	$\infty \rightarrow R_{KM}$	
L31—L21	松开 SB	∞	

备注:R_{KM} 为 KM 线圈的直流电阻值。

（3）通电调试。

检查配线安装无误,符合电路图和接线图的要求后,通电调试。如果电路不能按控制要求正常运行,则断电检查线路故障,排查和维修故障后再通电调试,直至正常运行。通电调试情况填入表 2-1-8 中。

表 2-1-8　通电调试记录表

操作过程	工作状态	结果符合(√或×)
接通 QF,按下 SB	接触器线圈通电吸合,电动机起动运转	
松开 SB	接触器线圈断电,电动机停止运转	

（4）故障分析及排除。

参考电动机点动控制电路常见故障分析及排除方法，小组成员分析讨论在调试过程中故障发生的原因，与教师沟通交流后排除故障，并将故障现象和原因分析结果及排除方法填入表2-1-9中。

表 2-1-9　点动控制电路故障分析及排除记录表

序　号	故障现象	原因分析	排除方法
1			
2			
3			
4			

【任务评价】

对学生的任务实施情况进行评价。点动控制电路安装与调试评价表见表2-1-10。

表 2-1-10　点动控制电路安装与调试评价表

项　目	评价内容	评价标准	配分	得分
识别三相异步电动机	小组讨论情况	主动参与、查阅资料、给出合理的答案	5	
	实践操作	电动机铭牌参数识别正确	10	
		△形和Y形接法连接正确	5	
点动控制电路的安装与调试	小组讨论情况	主动参与、查阅资料、给出合理的答案	5	
	线号标注	线号标注正确、完整	5	
	接线图绘制	接线图绘制正确、完整，走线合理	10	
	元器件选择	元器件型号、规格、数量、作用选择、描述正确	5	
	工具选择	工具选择合理、正确	5	
	元器件安装	元器件布局合理，安装正确、牢固	5	
	布线	布线横平竖直、导线颜色选择符合标准；接点无松动、无露铜过长、无压绝缘层、无反圈现象	5	
	自检	正确使用万用表对元器件、电源、线路进行检测	10	
	通电试车	在教师的监督下，安全通电试车一次成功	10	
	故障分析排除	能够分析故障原因，会用万用表检测和排除故障	10	

项目	评价内容	评价标准	配分	得分
安全文明生产和职业素养	安全意识	不带电操作,正确使用工具,器具不乱放、脚踩,遵守工作纪律	5	
	文明生产	不浪费耗材、清理卫生、保持整洁、团结协作	5	

任务 2.2　连续运行控制电路的安装与调试

【小组讨论】

(1)三相异步电动机点动控制与连续运行控制电路有什么区别?

_____

_____

(2)描述连续运行控制电路的工作过程。

_____

_____

_____

(3)简述交流接触器在控制电路中是如何实现自锁控制的。

_____

_____

【计划准备】

(1)在连续运行控制电路图(图 2-2-1)中标注线号。

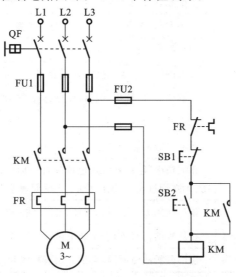

图 2-2-1　连续运行控制电路图

（2）在连续运行控制模拟接线图（图 2-2-2）上用导线将元器件连接起来，注意区分常开触点和常闭触点。

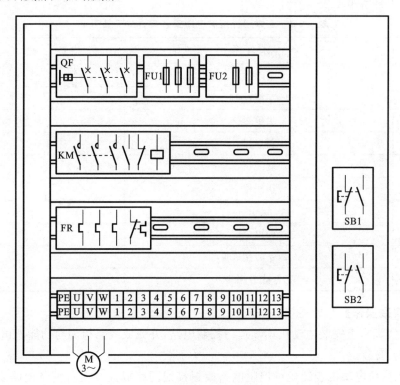

图 2-2-2　连续运行控制电路模拟接线图

（3）根据连续运行控制电路的组成选择需要的元器件，并将正确的元器件信息填入表 2-2-1 中。

表 2-2-1　连续运行控制电路元器件明细表

序号	元器件名称	型号及规格	数量	作用
1				
2				
3				
4				
5				
6				
7				
8				

（4）根据实训的内容和要求选择合适的工具。电动机连续运行控制电路安装与调试工具清单见表 2-2-2。

表 2-2-2　连续运行控制电路安装与调试工具清单

序号	工 具 名 称	需要(√或×)
1	十字螺丝刀	
2	一字螺丝刀	
3	尖嘴钳	
4	斜口钳	
5	剥线钳	
6	压线钳	
7	镊子	
8	验电笔	
9	数字万用表	
10	指针式万用表	

【实践操作】

在实训台上安装电动机连续运行控制电路,并完成线路检测与功能调试。

（1）安装。

① 按照电动机连续运行控制电路模拟接线图完成连续运行控制电路实际接线,并将安装工作步骤、注意事项和工具等内容按要求填入表 2-2-3 中。

表 2-2-3　连续运行控制电路安装与调试工作表

序号	工 作 步 骤	注 意 事 项	使 用 工 具
1			
2			
3			
4			
5			
6			
7			
8			

② 注意事项:接线时必须先接负载端,后接电源端。

（2）自检。

① 外观检查。目视检查各检测点是否存在缺陷，并将检查结果填入表 2-2-4 中。

表 2-2-4　连续运行控制电路自检记录表

序号	检查项目	检查内容	结果符合（√或×）
1	元器件安装	布局合理、间距均匀	
2	元器件外观质量	防护齐全、无损伤	
3	标记、线号	完整、可读	
4	接线头工艺	所有导线两端压装接线头	
5		同一端子不超过两个接线头	
6		不压绝缘层、不露铜、不反圈	
7		横平竖直，垂直进入线槽	
8		导线无损伤，不拼接	
9		主电路三相电线用黄绿红三种颜色区分	
10	导线工艺	零线用蓝线	
11		接地线用黄绿线区分	
12		控制电路与主电路用导线颜色和线径加以区分	
13	线槽工艺	所有连接线垂直进线槽	
14	安全意识	不带电操作	
15	操作规范	工具使用合理	
16		工具、耗材摆放整齐，不脚踩工具等	
17	文明生产	清扫卫生	
18	团队协作	分工协作、互相配合、共同探讨	

② 功能检查。根据连续运行控制电路的工作原理，断开 QF，分别操作按钮和接触器的触头支架，记录万用表的数值，并与正确值对比，分析电路的通断情况。按要求填写表 2-2-5 和表 2-2-6。

表 2-2-5　主电路检查记录表

检查内容	检测点	状态	正确阻值	检测结果
短路排查	L11—L21	常态或 KM 动作	∞	
	L21—L31	常态或 KM 动作	∞	
	L11—L31	常态或 KM 动作	∞	
线路逻辑检查	L11—U	KM 动作	∞→0	
	L21—V	KM 动作	∞→0	
	L31—W	KM 动作	∞→0	

备注：KM 动作是指线路不通电时按下 KM 触头支架。

表 2-2-6   控制电路检查记录表

检 测 点	状 态	正 确 阻 值	检 测 结 果
L31—L21	常态	∞	
L31—L21	按下 SB2	$\infty \to R_{KM}$	
L31—L21	按下 SB1	∞	

备注：R_{KM} 为 KM 线圈的直流电阻值。

（3）通电调试。

检查配线安装无误，符合电路图和接线图的要求后，通电调试。如果不能按控制要求正常运行，则断电检查线路故障，排查和维修故障后再通电调试，直至正常运行。通电调试情况填入表 2-2-7 中。

表 2-2-7   通电调试记录表

操 作 过 程	工 作 状 态	结果符合(√或×)
接通 QF，按下 SB2	接触器线圈通电吸合，电动机起动连续运转	
按下 SB1	接触器线圈断电，电动机停止运转	

（4）故障分析及排除。

参考电动机连续运行控制电路常见故障分析及排除方法，小组成员分析讨论在调试过程中故障发生的原因，与教师沟通交流后排除故障，并将故障现象和原因分析结果及排除方法填入表 2-2-8 中。

表 2-2-8   连续运行控制电路故障分析及排除记录表

序号	故 障 现 象	原 因 分 析	排 除 方 法
1			
2			
3			
4			

【任务评价】

对学生的任务实施情况进行评价，连续运行控制电路安装与调试评价表见表 2-2-9。

表 2-2-9 连续运行控制电路安装与调试评价表

项目	评价内容	评价标准	配分	得分
连续运行控制电路的安装与调试	小组讨论情况	主动参与、查阅资料、给出合理的答案	5	
	线号标注	线号标注正确、完整	5	
	接线图绘制	接线图绘制正确、完整,走线合理	15	
	元器件选择	元器件型号、规格、数量、作用选择、描述正确	10	
	工具选择	工具选择合理、正确	5	
	元器件安装	元器件布局合理,安装正确、牢固	10	
	布线	布线横平竖直、导线颜色选择符合标准;接点无松动、无露铜过长、无压绝缘层、无反圈现象	10	
	自检	正确使用万用表对元器件、电源、线路进行检测	10	
	通电试车	在教师的监督下,安全通电试车一次成功	10	
	故障分析排除	能够分析故障原因,会用万用表检测和排除故障	10	
安全文明生产和职业素养	安全意识	不带电操作,正确使用工具,器具不乱放、脚踩,遵守工作纪律	5	
	文明生产	不浪费耗材、清理卫生、保持整洁、团结协作	5	

任务 2.3　点动与连续运行控制电路的安装与调试

【小组讨论】

（1）描述点动与连续运行控制电路的工作过程。

_____

_____

_____

（2）查阅资料并结合所学知识,简述中间继电器与交流接触器有什么区别。

_____

_____

_____

【计划准备】

（1）在点动与连续运行控制电路图（图 2-3-1）中标注线号。

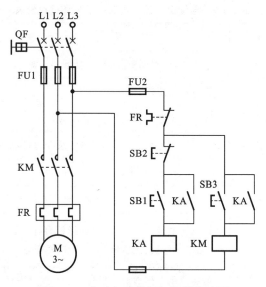

图 2-3-1　点动与连续运行控制电路图

（2）在点动与连续运行控制模拟接线图（图 2-3-2）上用导线将元器件连接起来，注意区分常开触点和常闭触点。

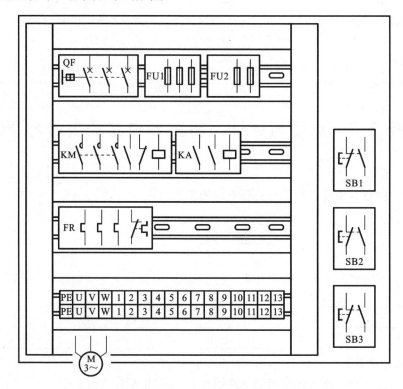

图 2-3-2　点动与连续运行控制电路模拟接线图

（3）根据点动与连续运行控制电路的组成选择需要的元器件，并将正确的元器件信息填入表 2-3-1 中。

表 2-3-1　点动与连续运行控制电路元器件明细表

序号	元器件名称	型号及规格	数量	作用
1				
2				
3				
4				
5				
6				
7				
8				
9				

（4）根据实训的内容和要求选择合适的工具。电动机点动与连续运行控制电路安装与调试工具清单见表 2-3-2。

表 2-3-2　点动与连续运行控制电路安装与调试工具清单

序号	工 具 名 称	需要（√或×）
1	十字螺丝刀	
2	一字螺丝刀	
3	尖嘴钳	
4	斜口钳	
5	剥线钳	
6	压线钳	
7	镊子	
8	验电笔	
9	数字万用表	
10	指针式万用表	

【实践操作】

在实训台上安装电动机点动与连续运行控制电路，并完成线路检测与功能调试。

（1）安装。

① 按照电动机点动与连续运行控制电路模拟接线图完成点动与连续运行控制电路实际接线，并将安装工作步骤、注意事项和工具等内容按要求填入表 2-3-3 中。

表 2-3-3　点动与连续运行控制电路安装与调试工作表

序号	工作步骤	注意事项	使用工具
1			
2			
3			
4			
5			
6			
7			
8			

② 注意事项:接线时必须先接负载端,后接电源端。

(2)自检。

① 外观检查。目视检查各检测点是否存在缺陷,并将检查结果填入表 2-3-4 中。

表 2-3-4　点动与连续运行控制电路自检记录表

序号	检查项目	检查内容	结果符合(√或×)
1	元器件安装	布局合理、间距均匀	
2	元器件外观质量	防护齐全、无损伤	
3	标记、线号	完整、可读	
4	接线头工艺	所有导线两端压装接线头	
5		同一端子不超过两个接线头	
6		不压绝缘层、不露铜、不反圈	
7	导线工艺	横平竖直,垂直进入线槽	
8		导线无损伤,不拼接	
9		主电路三相电线用黄绿红三种颜色区分	
10		零线用蓝线	
11		接地线用黄绿线区分	
12		控制电路与主电路用导线颜色和线径加以区分	

序号	检查项目	检查内容	结果符合(√或×)
13	线槽工艺	所有连接线垂直进线槽	
14	安全意识	不带电操作	
15	操作规范	工具使用合理	
16		工具、耗材摆放整齐，不脚踩工具等	
17	文明生产	清扫卫生	
18	团队协作	分工协作、互相配合、共同探讨	

② 功能检查。根据点动与连续运行控制电路的工作原理，断开 QF，分别操作按钮和接触器的触头支架，记录万用表的数值，并与正确值对比，分析电路的通断情况。按要求填写表 2-3-5 和表 2-3-6。

表 2-3-5　主电路检查记录表

检查内容	检测点	状态	正确阻值	检测结果
短路排查	L11—L21	常态或 KM 动作	∞	
	L21—L31	常态或 KM 动作	∞	
	L11—L31	常态或 KM 动作	∞	
线路逻辑检查	L11—U	KM 动作	$\infty \to 0$	
	L21—V	KM 动作	$\infty \to 0$	
	L31—W	KM 动作	$\infty \to 0$	

备注：KM 动作是指线路不通电时按下 KM 触头支架。

表 2-3-6　控制电路检查记录表

检测点	状态	正确阻值	检测结果
L31—L21	常态	∞	
L31—L21	按下 SB3	$\infty \to R_{KM}$	
	按下 SB1	$\infty \to R_{KM} // R_{KA}$	
L31—L21	按下 SB2	∞	

备注：R_{KM} 为 KM 线圈的直流电阻值；R_{KA} 为 KA 线圈的直流电阻值。

（3）通电调试。

检查配线安装无误，符合电路图和接线图的要求后，通电调试。如果不能按控制要求正常运行，则断电检查线路故障，排查和维修故障后再通电调试，直至正常运行。通电调试情况填入表 2-3-7 中。

表 2-3-7　通电调试记录表

操 作 过 程	工 作 状 态	结果符合(√或×)
接通 QF,按下 SB3	接触器线圈通电吸合,电动机起动运转	
松开 SB3	接触器线圈断电释放,电动机停转	
按下 SB1	中间继电器线圈通电吸合,接触器线圈得电吸合,电动机起动运转	
按下 SB2	接触器、中间继电器线圈断电释放,电动机停转	

（4）故障分析及排除。

参考电动机点动与连续运行控制电路常见故障分析及排除方法,小组成员分析讨论在调试过程中故障发生的原因,与教师沟通交流后排除故障,并将故障现象和原因分析结果及排除方法填入表 2-3-8 中。

表 2-3-8　点动与连续运行控制电路故障分析及排除记录表

序号	故 障 现 象	原 因 分 析	排 除 方 法
1			
2			
3			
4			

【任务评价】

对学生的任务实施情况进行评价,点动与连续运行控制电路安装与调试评价表见表 2-3-9。

表 2-3-9　点动与连续运行控制电路安装与调试评价表

项目	评 价 内 容	评 价 标 准	配分	得分
点动控制电路的安装与调试	小组讨论情况	主动参与、查阅资料、给出合理的答案	5	
	线号标注	线号标注正确、完整	5	
	接线图绘制	接线图绘制正确、完整,走线合理	15	
	元器件选择	元器件型号、规格、数量、作用选择、描述正确	10	
	工具选择	工具选择合理、正确	5	
	元器件安装	元器件布局合理,安装正确、牢固	10	
	布线	布线横平竖直、导线颜色选择符合标准;接点无松动、无露铜过长、无压绝缘层、无反圈现象	10	

项目	评价内容	评价标准	配分	得分
点动控制电路的安装与调试	自检	正确使用万用表对元器件、电源、线路进行检测	10	
	通电试车	在教师的监督下,安全通电试车一次成功	10	
	故障分析排除	能够分析故障原因,会用万用表检测和排除故障	10	
安全文明生产和职业素养	安全意识	不带电操作,正确使用工具,器具不乱放、脚踩,遵守工作纪律	5	
	文明生产	不浪费耗材、清理卫生、保持整洁、团结协作	5	

任务 2.4　顺序运行控制电路的安装与调试

【小组讨论】

描述顺序运行控制电路的工作过程。

_____

_____

【计划准备】

(1) 在顺序运行控制电路图(图 2-4-1)中标注线号。

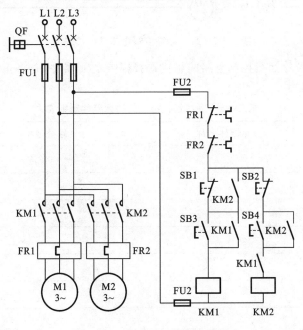

图 2-4-1　顺序运行控制电路图

（2）在顺序运行控制模拟接线图（图 2-4-2）上用导线将元器件连接起来，注意区分常开触点和常闭触点。

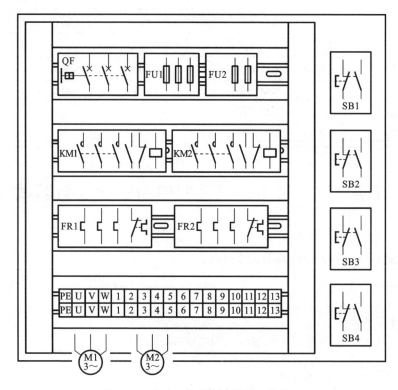

图 2-4-2　顺序运行控制电路模拟接线图

（3）根据顺序运行控制电路的组成选择需要的元器件，并将正确的元器件信息填入表 2-4-1 中。

表 2-4-1　顺序运行控制电路元器件明细表

序号	元器件名称	型号及规格	数量	作用
1				
2				
3				
4				
5				
6				
7				
8				

（4）根据实训的内容和要求选择合适的工具。电动机顺序运行控制电路安装与调试工具清单见表 2-4-2。

表 2-4-2　顺序运行控制电路安装与调试工具清单

序号	工 具 名 称	需要（√或×）
1	十字螺丝刀	
2	一字螺丝刀	
3	尖嘴钳	
4	斜口钳	
5	剥线钳	
6	压线钳	
7	镊子	
8	验电笔	
9	数字万用表	
10	指针式万用表	

【实践操作】

在实训台上安装电动机顺序运行控制电路，并完成线路检测与功能调试。

（1）安装。

① 按照电动机顺序运行控制电路模拟接线图完成顺序运行控制电路实际接线，并将安装工作步骤、注意事项和工具等内容按要求填入表 2-4-3 中。

表 2-4-3　顺序运行控制电路安装与调试工作表

序号	工 作 步 骤	注 意 事 项	使 用 工 具
1			
2			
3			
4			
5			
6			
7			
8			

② 注意事项：接线时必须先接负载端，后接电源端。

（2）自检。

① 外观检查。目视检查各检测点是否存在缺陷，并将检查结果填入表 2-4-4 中。

表 2-4-4　顺序运行控制电路自检记录表

序号	检查项目	检查内容	结果符合（√或×）
1	元器件安装	布局合理、间距均匀	
2	元器件外观质量	防护齐全、无损伤	
3	标记、线号	完整、可读	
4	接线头工艺	所有导线两端压装接线头	
5		同一端子不超过两个接线头	
6		不压绝缘层、不露铜、不反圈	
7	导线工艺	横平竖直，垂直进入线槽	
8		导线无损伤，不拼接	
9		主电路三相电线用黄绿红三种颜色区分	
10		零线用蓝线	
11		接地线用黄绿线区分	
12		控制电路与主电路用导线颜色和线径加以区分	
13	线槽工艺	所有连接线垂直进线槽	
14	安全意识	不带电操作	
15	操作规范	工具使用合理	
16		工具、耗材摆放整齐，不脚踩工具等	
17	文明生产	清扫卫生	
18	团队协作	分工协作、互相配合、共同探讨	

② 功能检查。根据顺序运行控制电路的工作原理，断开 QF，分别操作按钮和接触器的触头支架，记录万用表的数值，并与正确值对比，分析电路的通断情况。按要求填写表 2-4-5 和表 2-4-6。

表 2-4-5　主电路检查记录表

检查内容	检测点	状　态	正确阻值	检测结果
短路排查	L11—L21	常态或 KM1、KM2 动作	∞	
	L21—L31	常态或 KM1、KM2 动作	∞	
	L11—L31	常态或 KM1、KM2 动作	∞	

检查内容	检测点	状态	正确阻值	检测结果
线路逻辑检查	L11—U	KM1、KM2 动作	$\infty \to 0$	
	L21—V	KM1、KM2 动作	$\infty \to 0$	
	L31—W	KM1、KM2 动作	$\infty \to 0$	

备注:KM 动作是指线路不通电时按下 KM 触头支架。

表 2-4-6　控制电路检查记录表

检测点	状态	正确阻值	检测结果
L31—L21	常态	∞	
L31—L21	按下 SB3	$\infty \to R_{KM1}$	
	按下 SB4	$\infty \to R_{KM1} // R_{KM2}$	
L31—L21	按下 SB2、SB1	∞	

备注:R_{KM1} 为 KM1 线圈的直流电阻值;R_{KM2} 为 KM2 线圈的直流电阻值。

（3）通电调试。

检查配线安装无误,符合电路图和接线图的要求后,通电调试。如果不能按控制要求正常运行,则断电检查线路故障,排查和维修故障后再通电调试,直至正常运行。通电调试情况填入表 2-4-7 中。

表 2-4-7　通电调试记录表

操作过程	工作状态	结果符合（√或×）
接通 QF,按下 SB3	KM1 接触器线圈通电吸合,电动机 M1 起动运转	
按下 SB4	KM2 接触器线圈通电吸合,电动机 M2 起动运转	
按下 SB2	KM2 接触器线圈失电释放,电动机 M2 停止运转	
按下 SB1	KM1 接触器线圈失电释放,电动机 M1 停止运转	

（4）故障分析及排除。

参考电动机顺序运行控制电路常见故障分析及排除方法,小组成员分析讨论在调试过程中故障发生的原因,与教师沟通交流后排除故障,并将故障现象和原因分析结果及排除方法填入表 2-4-8 中。

表 2-4-8　顺序运行控制电路故障分析及排除记录表

序号	故障现象	原因分析	排除方法
1			

序号	故障现象	原因分析	排除方法
2			
3			
4			

【任务评价】

对学生的任务实施情况进行评价,顺序运行控制电路安装与调试评价表见表2-4-9。

表 2-4-9   顺序运行控制电路安装与调试评价表

项目	评价内容	评价标准	配分	得分
顺序运行控制电路的安装与调试	小组讨论情况	主动参与、查阅资料、给出合理的答案	5	
	线号标注	线号标注正确、完整	5	
	接线图绘制	接线图绘制正确、完整,走线合理	15	
	元器件选择	元器件型号、规格、数量、作用选择、描述正确	10	
	工具选择	工具选择合理、正确	5	
	元器件安装	元器件布局合理,安装正确、牢固	10	
	布线	布线横平竖直、导线颜色选择符合标准;接点无松动、无露铜过长、无压绝缘层、无反圈现象	10	
	自检	正确使用万用表对元器件、电源、线路进行检测	10	
	通电试车	在教师的监督下,安全通电试车一次成功	10	
	故障分析排除	能够分析故障原因,会用万用表检测和排除故障	10	
安全文明生产和职业素养	安全意识	不带电操作,正确使用工具,器具不乱放、脚踩,遵守工作纪律	5	
	文明生产	不浪费耗材、清理卫生、保持整洁、团结协作	5	

【任务拓展】

利用时间继电器实现顺序起动的控制电路。图 2-4-3 所示的是采用时间继电器,按时间原则顺序起动的控制电路。线路要求电动机 M1 起动 t s 后,电动机 M2 自动起动。该功能可利用时间继电器的延时闭合常开触点来实现。

请参考所学知识,分析利用时间继电器实现顺序起动的控制电路的工作原理,并安装调试电路。

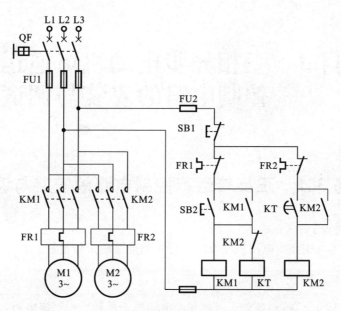

图 2-4-3　采用时间继电器实现顺序起动的控制电路

项目3　三相异步电动机可逆运行控制电路的安装与调试

任务3.1　正反转运行控制电路的安装与调试

【小组讨论】

(1)描述三相异步电动机正反转运行控制电路的工作过程。

_____

_____

(2)请查阅资料,列举常见三相异步电动机正反转运行控制电路,并简述电路工作原理。

_____

_____

【计划准备】

(1)在正反转运行控制电路图(图3-1-1)中标注线号。

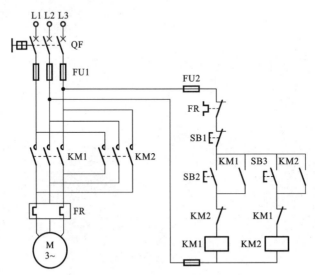

图3-1-1　正反转运行控制电路图

(2)在正反转运行控制模拟接线图(图3-1-2)上用导线将元器件连接起来,注意区分常开触点和常闭触点。

38

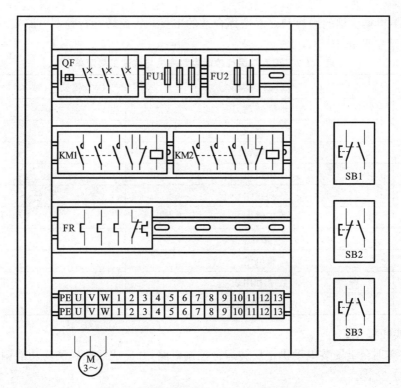

图 3-1-2 正反转运行控制电路模拟接线图

（3）根据正反转运行控制电路的组成选择需要的元器件，并将正确的元器件信息填入表 3-1-1 中。

表 3-1-1 正反转运行控制电路元器件明细表

序号	元器件名称	型号及规格	数量	作用
1				
2				
3				
4				
5				
6				
7				
8				

（4）根据实训的内容和要求选择合适的工具。正反转运行控制电路安装与调试工具清单见表 3-1-2。

表 3-1-2　正反转运行控制电路安装与调试工具清单

序号	工 具 名 称	需要（√或×）
1	十字螺丝刀	
2	一字螺丝刀	
3	尖嘴钳	
4	斜口钳	
5	剥线钳	
6	压线钳	
7	镊子	
8	验电笔	
9	数字万用表	
10	指针式万用表	

【实践操作】

在实训台上安装电动机正反转运行控制电路，并完成线路检测与功能调试。

（1）安装。

①按照电动机正反转运行控制电路模拟接线图完成正反转运行控制电路实际接线，并将安装工作步骤、注意事项和工具等内容按要求填入表 3-1-3 中。

表 3-1-3　正反转运行控制电路安装与调试工作表

序号	工作步骤	注意事项	使用工具
1			
2			
3			
4			
5			
6			
7			
8			

② 注意事项：接线时必须先接负载端，后接电源端。

（2）自检。

① 外观检查。目视检查各检测点是否存在缺陷，并将检查结果填入表3-1-4中。

表 3-1-4　正反转运行控制电路自检记录表

序号	检查项目	检查内容	结果符合(√或×)
1	元器件安装	布局合理、间距均匀	
2	元器件外观质量	防护齐全、无损伤	
3	标记、线号	完整、可读	
4	接线头工艺	所有导线两端压装接线头	
5		同一端子不超过两个接线头	
6		不压绝缘层、不露铜、不反圈	
7	导线工艺	横平竖直，垂直进入线槽	
8		导线无损伤，不拼接	
9		主电路三相电线用黄绿红三种颜色区分	
10		零线用蓝线	
11		接地线用黄绿线区分	
12		控制电路与主电路用导线颜色和线径加以区分	
13	线槽工艺	所有连接线垂直进线槽	
14	安全意识	不带电操作	
15	操作规范	工具使用合理	
16		工具、耗材摆放整齐，不脚踩工具等	
17	文明生产	清扫卫生	
18	团队协作	分工协作、互相配合、共同探讨	

② 功能检查。根据正反转运行控制电路的工作原理，断开 QF，分别操作按钮和接触器的触头支架，记录万用表的数值，并与正确值对比，分析电路的通断情况。按要求填写表3-1-5和表3-1-6。

表 3-1-5　主电路检查记录表

检查内容	检测点	状态	正确阻值	检测结果
短路排查	L11—L21	常态或 KM1、KM2 动作	∞	
	L21—L31	常态或 KM1、KM2 动作	∞	
	L11—L31	常态或 KM1、KM2 动作	∞	

检查内容	检测点	状态	正确阻值	检测结果
线路逻辑检查	L11—U	KM1、KM2 动作	∞→0	
	L21—V	KM1、KM2 动作	∞→0	
	L31—W	KM1、KM2 动作	∞→0	

备注:KM 动作是指线路不通电时按下 KM 触头支架。

表 3-1-6　控制电路检查记录表

检测点	状态	正确阻值	检测结果
L31—L21	常态	∞	
L31—L21	按下 SB2	$∞→R_{KM1}$	
	按下 SB3	$∞→R_{KM2}$	
L31—L21	按下 SB1	∞	

备注:R_{KM1} 为 KM1 线圈的直流电阻值;R_{KM2} 为 KM2 线圈的直流电阻值。

（3）通电调试。

检查配线安装无误,符合电路图和接线图的要求后,通电调试。如果不能按控制要求正常运行,则断电检查线路故障,排查和维修故障后再通电调试,直至正常运行。通电调试情况填入表 3-1-7 中。

表 3-1-7　通电调试记录表

操作过程	工作状态	结果符合(√或×)
接通 QF,按下 SB2	KM1 接触器线圈通电吸合,电动机正向起动运转	
按下 SB1	KM1 接触器线圈失电释放,电动机停止运转	
按下 SB3	KM2 接触器线圈通电吸合,电动机反向起动运转	
按下 SB1	KM2 接触器线圈失电释放,电动机停止运转	

（4）故障分析及排除。

参考电动机正反转运行控制电路常见故障分析及排除方法,小组成员分析讨论在调试过程中故障发生的原因,与教师沟通交流后排除故障,并将故障现象和原因分析结果及排除方法填入表 3-1-8 中。

表 3-1-8　正反转运行控制电路故障分析及排除记录表

序号	故障现象	原因分析	排除方法
1			
2			

序号	故障现象	原因分析	排除方法
3			
4			

【任务评价】

对学生的任务实施情况进行评价,正反转运行控制电路安装与调试评价表见表 3-1-9。

表 3-1-9　正反转运行控制电路安装与调试评价表

项目	评价内容	评价标准	配分	得分
正反转运行控制电路的安装与调试	小组讨论情况	主动参与、查阅资料、给出合理的答案	5	
	线号标注	线号标注正确、完整	5	
	接线图绘制	接线图绘制正确、完整,走线合理	15	
	元器件选择	元器件型号、规格、数量、作用选择、描述正确	10	
	工具选择	工具选择合理、正确	5	
	元器件安装	元器件布局合理,安装正确、牢固	10	
	布线	布线横平竖直、导线颜色选择符合标准;接点无松动、无露铜过长、无压绝缘层、无反圈现象	10	
	自检	正确使用万用表对元器件、电源、线路进行检测	10	
	通电试车	在教师的监督下,安全通电试车一次成功	10	
	故障分析排除	能够分析故障原因,会用万用表检测和排除故障	10	
安全文明生产和职业素养	安全意识	不带电操作,正确使用工具,器具不乱放、脚踩,遵守工作纪律	5	
	文明生产	不浪费耗材、清理卫生、保持整洁、团结协作	5	

【任务拓展】

利用按钮和接触器双重互锁实现正反转控制电路。

为了提高生产率,直接正、反向操作,利用复合按钮实现"正→反→停"或"反→正→停"的互锁控制。采用按钮和接触器实现电动机双重互锁正反转的控制电路如图 3-1-3 所示,接触器 KM1 为正向接触器,控制电动机 M 正转;接触器 KM2 为反向接触器,控制电动机 M 反转。复合按钮的常闭触点同样起到互锁的作用,这样的互锁称为机械互锁。该线路既有接触器常闭触点的电气互锁,也有复合按钮常闭触点的机械互锁,即具有双重互锁。

请参考所学知识,分析按钮和接触器双重互锁正反转控制电路的工作原理,并安装调试电路。

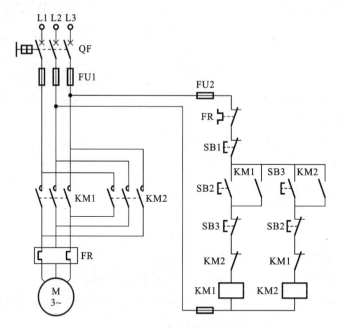

图 3-1-3　按钮和接触器双重互锁正反转控制电路

任务 3.2　自动往返运行控制电路的安装与调试

【小组讨论】

(1) 简述行程开关与按钮的异同以及行程开关的作用。

_____

_____

(2) 自动往返运行控制电路与正反转运行控制电路有何区别？共同点是什么？

_____

_____

(3) 简要说明如何将正反转运行控制电路改装为自动往返运行控制电路。

_____

_____

【计划准备】

(1) 在自动往返运行控制电路图(图 3-2-1)中标注线号。

(2) 在自动往返运行控制模拟接线图(图 3-2-2)上用导线将元器件连接起来，注意区分常开触点和常闭触点。

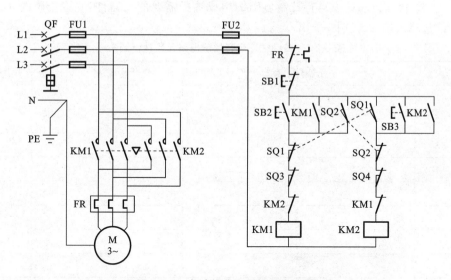

图 3-2-1 自动往返运行控制电路图

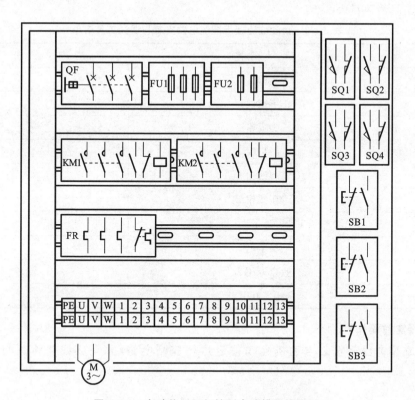

图 3-2-2 自动往返运行控制电路模拟接线图

（3）根据自动往返运行控制电路的组成选择需要的元器件，并将正确的元器件信息填入表 3-2-1 中。

表 3-2-1　自动往返运行控制电路元器件明细表

序号	元器件名称	型号及规格	数量	作用
1				
2				
3				
4				
5				
6				
7				
8				

（4）根据实训的内容和要求选择合适的工具。自动往返运行控制电路安装与调试工具清单见表 3-2-2。

表 3-2-2　自动往返运行控制电路安装与调试工具清单

序号	工 具 名 称	需要（√或×）
1	十字螺丝刀	
2	一字螺丝刀	
3	尖嘴钳	
4	斜口钳	
5	剥线钳	
6	压线钳	
7	镊子	
8	验电笔	
9	数字万用表	
10	指针式万用表	

【实践操作】

在实训台上安装电动机自动往返运行控制电路，并完成线路检测与功能调试。

（1）安装。

① 按照电动机自动往返运行控制电路模拟接线图完成电动机自动往返运行控制电路实际接线，并将安装工作步骤、注意事项和工具等内容按要求填入表 3-2-3 中。

表 3-2-3　自动往返运行控制电路安装与调试工作表

序号	工 作 步 骤	注 意 事 项	使 用 工 具
1			
2			
3			
4			
5			
6			
7			
8			

② 注意事项:接线时必须先接负载端,后接电源端。

(2)自检。

① 外观检查。目视检查各检测点是否存在缺陷,并将检查结果填入表 3-2-4 中。

表 3-2-4　自动往返运行控制电路自检记录表

序号	检 查 项 目	检 查 内 容	结果符合(√或×)
1	元器件安装	布局合理、间距均匀	
2	元器件外观质量	防护齐全、无损伤	
3	标记、线号	完整、可读	
4	接线头工艺	所有导线两端压装接线头	
5		同一端子不超过两个接线头	
6		不压绝缘层、不露铜、不反圈	
7	导线工艺	横平竖直,垂直进入线槽	
8		导线无损伤,不拼接	
9		主电路三相电线用黄绿红三种颜色区分	
10		零线用蓝线	
11		接地线用黄绿线区分	
12		控制电路与主电路用导线颜色和线径加以区分	

47

序号	检查项目	检查内容	结果符合(√或×)
13	线槽工艺	所有连接线垂直进线槽	
14	安全意识	不带电操作	
15	操作规范	工具使用合理	
16		工具、耗材摆放整齐,不脚踩工具等	
17	文明生产	清扫卫生	
18	团队协作	分工协作、互相配合、共同探讨	

② 功能检查。根据自动往返运行控制电路的工作原理,断开 QF,分别操作按钮和接触器的触头支架,记录万用表的数值,并与正确值对比,分析电路的通断情况。按要求填写表 3-2-5 和表 3-2-6。

表 3-2-5　主电路检查记录表

检查内容	检测点	状态	正确阻值	检测结果
短路排查	L11—L21	常态或 KM1、KM2 动作	∞	
	L21—L31	常态或 KM1、KM2 动作	∞	
	L11—L31	常态或 KM1、KM2 动作	∞	
线路逻辑检查	L11—U	KM1、KM2 动作	$\infty \to 0$	
	L21—V	KM1、KM2 动作	$\infty \to 0$	
	L31—W	KM1、KM2 动作	$\infty \to 0$	

备注:KM 动作是指线路不通电时按下 KM 触头支架。

表 3-2-6　控制电路检查记录表

检测点	状态	正确阻值	检测结果
L11—L21	常态	∞	
L11—L21	按下 SB2	$\infty \to R_{KM1}$	
	按下 SB3	$\infty \to R_{KM2}$	
L11—L21	按下 SB1	∞	

备注:R_{KM1} 为 KM1 线圈的直流电阻值;R_{KM2} 为 KM2 线圈的直流电阻值。

(3) 通电调试。

检查配线安装无误,符合电路图和接线图的要求后,通电调试。如果不能按控制要求正常运行,则断电检查线路故障,排查和维修故障后再通电调试,直至正常运行。通电调试情况填入表 3-2-7 中。

表 3-2-7　通电调试记录表

操作过程	工作状态	结果符合(√或×)
接通 QF,按下 SB2	KM1 接触器线圈通电吸合,电动机正向起动运转	
按下 SQ1	KM1 接触器线圈断电释放,KM2 接触器线圈通电吸合,电动机反向起动运转	
按下 SQ2	KM2 接触器线圈断电释放,KM1 接触器线圈通电吸合,电动机正向起动运转	
按下 SQ3	KM1 接触器线圈失电释放,电动机停止运转	
按下 SB3	KM2 接触器线圈通电吸合,电动机反向起动运转	
按下 SQ4	KM2 接触器线圈失电释放,电动机停止运转	
按下 SB1	KM1、KM2 接触器线圈均失电释放,电动机停止运转	

（4）故障分析及排除。

参考电动机自动往返运行控制电路常见故障分析及排除方法,小组成员分析讨论在调试过程中故障发生的原因,与教师沟通交流后排除故障,并将故障现象和原因分析结果及排除方法填入表 3-2-8 中。

表 3-2-8　自动往返运行控制电路故障分析及排除记录表

序号	故障现象	原因分析	排除方法
1			
2			
3			
4			

【任务评价】

对学生的任务实施情况进行评价,自动往返运行控制电路安装与调试评价表见表 3-2-9。

表 3-2-9　自动往返运行控制电路安装与调试评价表

项目	评价内容	评价标准	配分	得分
自动往返运行控制电路的安装与调试	小组讨论情况	主动参与、查阅资料、给出合理的答案	5	
	线号标注	线号标注正确、完整	5	
	接线图绘制	接线图绘制正确、完整,走线合理	15	
	元器件选择	元器件型号、规格、数量、作用选择、描述正确	10	

项　目	评价内容	评价标准	配分	得分
自动往返运行控制电路的安装与调试	工具选择	工具选择合理、正确	5	
	元器件安装	元器件布局合理,安装正确、牢固	10	
	布线	布线横平竖直、导线颜色选择符合标准;接点无松动、无露铜过长、无压绝缘层、无反圈现象	10	
	自检	正确使用万用表对元器件、电源、线路进行检测	10	
	通电试车	在教师的监督下,安全通电试车一次成功	10	
	故障分析排除	能够分析故障原因,会用万用表检测和排除故障	10	
安全文明生产和职业素养	安全意识	不带电操作,正确使用工具,器具不乱放、脚踩,遵守工作纪律	5	
	文明生产	不浪费耗材、清理卫生、保持整洁、团结协作	5	

项目 4　三相异步电动机降压起动控制电路的安装与调试

任务 4.1　定子绕组串电阻降压起动控制电路的安装与调试

【小组讨论】

（1）简述常用电阻器的特点及应用场合。

_____

（2）查阅相关资料，简述如何实现自动切换定子绕组串电阻降压起动。

_____

【计划准备】

（1）在定子绕组串电阻降压起动控制电路图（图 4-1-1）中标注线号。

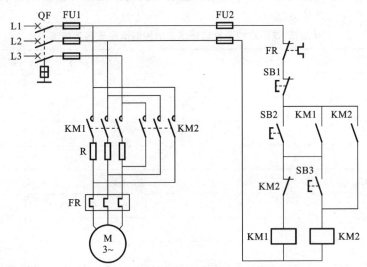

图 4-1-1　定子绕组串电阻降压起动控制电路图

（2）在定子绕组串电阻降压起动控制模拟接线图（图 4-1-2）上用导线将元器件连接起来，注意区分常开触点和常闭触点。

51

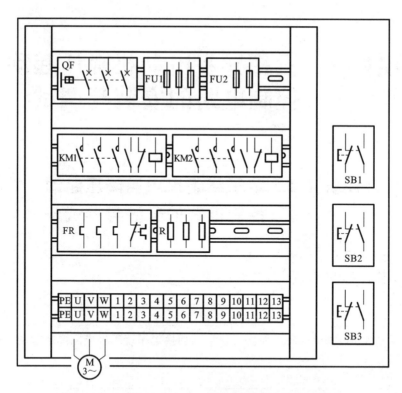

图 4-1-2   定子绕组串电阻降压起动控制电路模拟接线图

（3）根据定子绕组串电阻降压起动控制电路的组成选择需要的元器件，并将正确的元器件信息填入表 4-1-1 中。

表 4-1-1   定子绕组串电阻降压起动控制电路元器件明细表

序号	元器件名称	型号及规格	数量	作用
1				
2				
3				
4				
5				
6				
7				
8				
9				

（4）根据实训的内容和要求选择合适的工具。定子绕组串电阻降压起动控制电路安装与调试工具清单见表 4-1-2。

表 4-1-2　定子绕组串电阻降压起动控制电路安装与调试工具清单

序号	工 具 名 称	需要(√或×)
1	十字螺丝刀	
2	一字螺丝刀	
3	尖嘴钳	
4	斜口钳	
5	剥线钳	
6	压线钳	
7	镊子	
8	验电笔	
9	数字万用表	
10	指针式万用表	

【实践操作】

在实训台上安装电动机定子绕组串电阻降压起动控制电路,并完成线路检测与功能调试。

(1) 安装。

① 按照电动机定子绕组串电阻降压起动控制电路模拟接线图完成电路实际接线,并将安装工作步骤、注意事项和工具等内容按要求填入表 4-1-3 中。

表 4-1-3　定子绕组串电阻降压起动控制电路安装与调试工作表

序号	工 作 步 骤	注 意 事 项	使 用 工 具
1			
2			
3			
4			
5			
6			
7			
8			

② 注意事项：接线时必须先接负载端，后接电源端。

（2）自检。

① 外观检查。目视检查各检测点是否存在缺陷，并将检查结果填入表 4-1-4 中。

表 4-1-4　定子绕组串电阻降压起动控制电路自检记录表

序号	检查项目	检查内容	结果符合(√或×)
1	元器件安装	布局合理、间距均匀	
2	元器件外观质量	防护齐全、无损伤	
3	标记、线号	完整、可读	
4	接线头工艺	所有导线两端压装接线头	
5		同一端子不超过两个接线头	
6		不压绝缘层、不露铜、不反圈	
7	导线工艺	横平竖直，垂直进入线槽	
8		导线无损伤，不拼接	
9		主电路三相电线用黄绿红三种颜色区分	
10		零线用蓝线	
11		接地线用黄绿线区分	
12		控制电路与主电路用导线颜色和线径加以区分	
13	线槽工艺	所有连接线垂直进线槽	
14	安全意识	不带电操作	
15	操作规范	工具使用合理	
16		工具、耗材摆放整齐，不脚踩工具等	
17	文明生产	清扫卫生	
18	团队协作	分工协作、互相配合、共同探讨	

② 功能检查。根据定子绕组串电阻降压起动控制电路的工作原理，断开 QF，分别操作按钮和接触器的触头支架，记录万用表的数值，并与正确值对比，分析电路的通断情况。按要求填写表 4-1-5 和表 4-1-6。

表 4-1-5　主电路检查记录表

检查内容	检测点	状态	正确阻值	检测结果
短路排查	L11—L21	常态或 KM1、KM2 动作	∞	
	L21—L31	常态或 KM1、KM2 动作	∞	
	L11—L31	常态或 KM1、KM2 动作	∞	

检查内容	检测点	状　态	正确阻值	检测结果
线路逻辑检查	L11—U	KM1、KM2 动作	$\infty \rightarrow 0$	
	L21—V	KM1、KM2 动作	$\infty \rightarrow 0$	
	L31—W	KM1、KM2 动作	$\infty \rightarrow 0$	

备注:KM 动作是指线路不通电时按下 KM 触头支架。

表 4-1-6　控制电路检查记录表

检测点	状　态	正确阻值	检测结果
L11—L21	常态	∞	
L11—L21	按下 SB2	$\infty \rightarrow R_{KM1} + R$	
	按下 SB3	$\infty \rightarrow R_{KM2} + R$	
L11—L21	按下 SB1	∞	

备注:R_{KM1} 为 KM1 线圈的直流电阻值;R_{KM2} 为 KM2 线圈的直流电阻值;R 为起动电阻器电阻值。

（3）通电调试。

检查配线安装无误,符合电路图和接线图的要求后,通电调试。如果不能按控制要求正常运行,则断电检查线路故障,排查和维修故障后再通电调试,直至正常运行。通电调试情况填入表 4-1-7 中。

表 4-1-7　通电调试记录表

操作过程	工作状态	结果符合(√或×)
接通 QF,按下 SB2	KM1 接触器线圈通电吸合,电动机降压起动运转,达到额定转速	
按下 SB3	KM1 接触器线圈失电释放,KM2 接触器线圈通电吸合,电动机全压运转	
按下 SB1	KM1、KM2 接触器线圈均失电释放,电动机停止运转	

（4）故障分析及排除。

参考电动机定子绕组串电阻降压起动控制电路常见故障分析及排除方法,小组成员分析讨论在调试过程中故障发生的原因,与教师沟通交流后排除故障,并将故障现象和原因分析结果及排除方法填入表 4-1-8 中。

表 4-1-8　定子绕组串电阻降压起动控制电路故障分析及排除记录表

序号	故 障 现 象	原 因 分 析	排 除 方 法
1			
2			
3			
4			

【任务评价】

对学生的任务实施情况进行评价,定子绕组串电阻降压起动控制电路安装与调试评价表见表 4-1-9。

表 4-1-9　定子绕组串电阻降压起动控制电路安装与调试评价表

项目	评价内容	评价标准	配分	得分
定子绕组串电阻降压起动控制电路的安装与调试	小组讨论情况	主动参与、查阅资料、给出合理的答案	5	
	线号标注	线号标注正确、完整	5	
	接线图绘制	接线图绘制正确、完整,走线合理	15	
	元器件选择	元器件型号、规格、数量、作用选择、描述正确	10	
	工具选择	工具选择合理、正确	5	
	元器件安装	元器件布局合理,安装正确、牢固	10	
	布线	布线横平竖直、导线颜色选择符合标准;接点无松动、无露铜过长、无压绝缘层、无反圈现象	10	
	自检	正确使用万用表对元器件、电源、线路进行检测	10	
	通电试车	在教师的监督下,安全通电试车一次成功	10	
	故障分析排除	能够分析故障原因,会用万用表检测和排除故障	10	
安全文明生产和职业素养	安全意识	不带电操作,正确使用工具,器具不乱放、脚踩,遵守工作纪律	5	
	文明生产	不浪费耗材、清理卫生、保持整洁、团结协作	5	

【任务拓展】

分析、安装与调试时间继电器控制的定子绕组串接电阻降压起动控制电路。时间继电器控制的定子绕组串接电阻降压起动控制电路如图 4-1-3 所示。

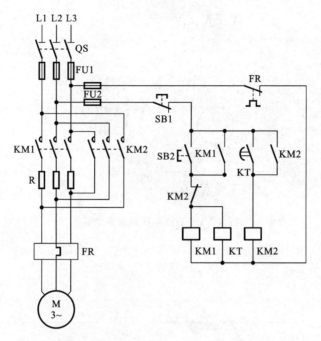

图 4-1-3 时间继电器控制的定子绕组串接电阻降压起动控制电路

任务 4.2 星三角降压起动控制电路的安装与调试

【小组讨论】

（1）分别绘制三相异步电动机定子绕组 Y 形与△形连接原理图。

（2）根据三相异步电动机定子绕组 Y 形与△形连接原理图分别用导线连接电动机两种绕组接线。

（3）尝试完成图 4-2-1 中三相异步电动机 Y-△降压起动主电路连接图。

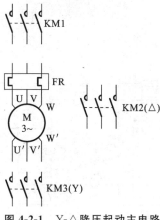

图 4-2-1 Y-△降压起动主电路

（4）请与小组成员讨论分析三相异步电动机星三角降压起动控制电路的工作原理,用流程图表示。

_____

_____

_____

_____

_____

【计划准备】

（1）在 Y-△降压起动控制电路原理图（图 4-2-2）中标注线号。

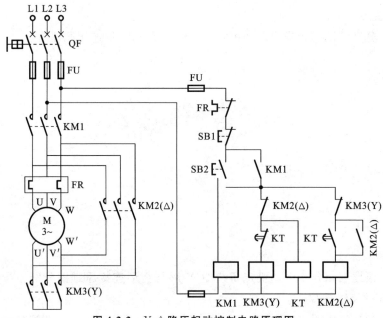

图 4-2-2　Y-△降压起动控制电路原理图

（2）在 Y-△降压起动控制模拟接线图（图 4-2-3）上用导线将元器件连接起来，注意区分常开触点和常闭触点。

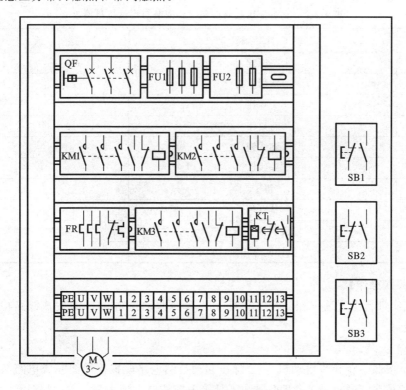

图 4-2-3　Y-△降压起动控制电路模拟接线图

（3）根据 Y-△降压起动控制电路的组成选择需要的元器件，并将正确的元器件信息填入表 4-2-1 中。

表 4-2-1　Y-△降压起动控制电路元器件明细表

序号	元器件名称	型号及规格	数量	作用
1				
2				
3				
4				
5				
6				
7				
8				
9				

（4）根据实训的内容和要求选择合适的工具。Y-△降压起动控制电路安装与调试工具清单见表 4-2-2。

表 4-2-2　Y-△降压起动控制电路安装与调试工具清单

序号	工 具 名 称	需要（√或×）
1	十字螺丝刀	
2	一字螺丝刀	
3	尖嘴钳	
4	斜口钳	
5	剥线钳	
6	压线钳	
7	镊子	
8	验电笔	
9	数字万用表	
10	指针式万用表	

【实践操作】

在实训台上安装三相异步电动机 Y-△降压起动控制电路，并完成线路检测与功能调试。

（1）安装。

① 按照三相异步电动机 Y-△降压起动控制电路模拟接线图完成电路实际接线，并将安装工作步骤、注意事项和工具等内容按要求填入表 4-2-3 中。

表 4-2-3　Y-△降压起动控制电路安装与调试工作表

序号	工 作 步 骤	注 意 事 项	使 用 工 具
1			
2			
3			
4			
5			
6			
7			
8			

② 注意事项：接线时必须先接负载端，后接电源端。

（2）自检。

① 外观检查。目视检查各检测点是否存在缺陷，并将检查结果填入表 4-2-4 中。

表 4-2-4　Y-△降压起动控制电路自检记录表

序号	检查项目	检查内容	结果符合(√或×)
1	元器件安装	布局合理、间距均匀	
2	元器件外观质量	防护齐全、无损伤	
3	标记、线号	完整、可读	
4	接线头工艺	所有导线两端压装接线头	
5		同一端子不超过两个接线头	
6		不压绝缘层、不露铜、不反圈	
7	导线工艺	横平竖直，垂直进入线槽	
8		导线无损伤，不拼接	
9		主电路三相电线用黄绿红三种颜色区分	
10		零线用蓝线	
11		接地线用黄绿线区分	
12		控制电路与主电路用导线颜色和线径加以区分	
13	线槽工艺	所有连接线垂直进线槽	
14	安全意识	不带电操作	
15	操作规范	工具使用合理	
16		工具、耗材摆放整齐，不脚踩工具等	
17	文明生产	清扫卫生	
18	团队协作	分工协作、互相配合、共同探讨	

② 功能检查。根据 Y-△降压起动控制电路的工作原理，断开 QF，不连接电动机，分别操作按钮和接触器的触头支架，记录万用表的数值，并与正确值对比，分析电路的通断情况。按要求填写表 4-2-5 和表 4-2-6。

（3）通电调试。

检查配线安装无误，符合电路图和接线图的要求后，通电调试。如果不能按控制要求正常运行，则断电检查线路故障，排查和维修故障后再通电调试，直至正常运行。通电调试情况填入表 4-2-7 中。

表 4-2-5　主电路检查记录表

检查内容	检测点	状　态	正确阻值	检测结果
短路排查	L11—L21	常态或 KM1、KM2 动作 或 KM1、KM3 动作	∞	
	L21—L31	常态或 KM1、KM2 动作 或 KM1、KM3 动作	∞	
	L11—L31	常态或 KM1、KM2 动作 或 KM1、KM3 动作	∞	
线路逻辑检查	L11—U	KM1、KM2 动作 或 KM1、KM3 动作	∞→0	
	L21—V	KM1、KM2 动作 或 KM1、KM3 动作	∞→0	
	L31—W	KM1、KM2 动作 或 KM1、KM3 动作	∞→0	

备注:KM 动作指线路不通电时按下 KM 触头支架。

表 4-2-6　控制电路检查记录表

检　测　点	状　态	正确阻值	检测结果
L31—L21	常态	∞	
L31—L21	按下 SB2	$∞→R_{KM1} /\!/ R_{KM3} /\!/ R_{KT}$	
	按下 SB2,同时按下 KM2 触头支架	$∞→R_{KM1} /\!/ R_{KM2}$	
L31—L21	按下 SB1	∞	

备注:R_{KM1} 为 KM1 线圈的直流电阻值;R_{KM2} 为 KM2 线圈的直流电阻值;R_{KM3} 为 KM3 线圈的直流电阻值,R_{KT} 为 KT 线圈的直流电阻。

表 4-2-7　通电调试记录表

操作过程	工作状态	结果符合(√或×)
接通 QF,按下 SB2	KM1、KM3 接触器线圈通电吸合,电动机降压起动运转,达到额定转速,KM3 接触器线圈失电释放,KM2 接触器线圈通电吸合,电动机全压运行	
按下 SB1	KM1、KM2 接触器线圈均失电释放,电动机停止运转	

(4) 故障分析及排除。

参考 Y-△降压起动控制电路常见故障分析及排除方法,小组成员分析讨论在调试过程中故障发生的原因,与教师沟通交流后排除故障,并将故障现象和原因分析结果及排除方法填入表 4-2-8 中。

表 4-2-8　Y-△降压起动控制电路故障分析及排除记录表

序号	故 障 现 象	原 因 分 析	排 除 方 法
1			
2			
3			
4			

【任务评价】

对学生的任务实施情况进行评价,Y-△降压起动控制电路安装与调试评价表见表 4-2-9。

表 4-2-9　Y-△降压起动控制电路安装与调试评价表

项目	评价内容	评价标准	配分	得分
Y-△降压起动控制电路的安装与调试	小组讨论情况	主动参与、查阅资料、给出合理的答案	5	
	线号标注	线号标注正确、完整	5	
	接线图绘制	接线图绘制正确、完整,走线合理	15	
	元器件选择	元器件型号、规格、数量、作用选择、描述正确	10	
	工具选择	工具选择合理、正确	5	
	元器件安装	元器件布局合理,安装正确、牢固	10	
	布线	布线横平竖直、导线颜色选择符合标准;接点无松动、无露铜过长、无压绝缘层、无反圈现象	10	
	自检	正确使用万用表对元器件、电源、线路进行检测	10	
	通电试车	在教师的监督下,安全通电试车一次成功	10	
	故障分析排除	能够分析故障原因,会用万用表检测和排除故障	10	
安全文明生产和职业素养	安全意识	不带电操作,正确使用工具,器具不乱放、脚踩,遵守工作纪律	5	
	文明生产	不浪费耗材、清理卫生、保持整洁、团结协作	5	

项目 5　三相异步电动机制动和调速控制电路的安装与调试

任务 5.1　反接制动控制电路的安装与调试

【小组讨论】

请与小组成员讨论分析三相异步电动机反接制动控制电路的工作原理,用流程图表示。

_____

_____

_____

【计划准备】

(1) 在反接制动控制电路原理图(图 5-1-1)中标注线号。

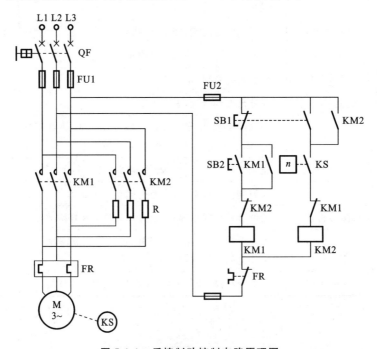

图 5-1-1　反接制动控制电路原理图

（2）在反接制动控制模拟接线图（图 5-1-2）上用导线将元器件连接起来，注意区分常开触点和常闭触点。

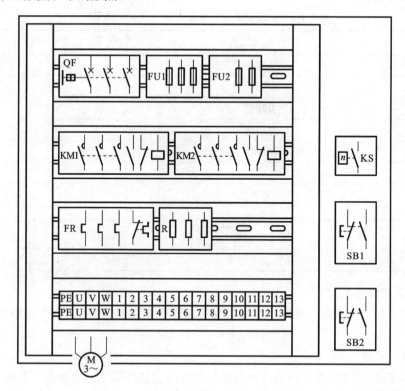

图 5-1-2　反接制动控制电路模拟接线图

（3）根据反接制动控制电路的组成选择需要的元器件，并将正确的元器件信息填入表 5-1-1 中。

表 5-1-1　反接制动控制电路元器件明细表

序号	元器件名称	型号及规格	数量	作用
1				
2				
3				
4				
5				
6				
7				
8				
9				

（4）根据实训的内容和要求选择合适的工具。反接制动控制电路安装与调试工具清单见表 5-1-2。

表 5-1-2　反接制动控制电路安装与调试工具清单

序号	工 具 名 称	需要(√或×)
1	十字螺丝刀	
2	一字螺丝刀	
3	尖嘴钳	
4	斜口钳	
5	剥线钳	
6	压线钳	
7	镊子	
8	验电笔	
9	数字万用表	
10	指针式万用表	

【实践操作】

在实训台上安装三相异步电动机反接制动控制电路,并完成线路检测与功能调试。

（1）安装。

① 按照三相异步电动机反接制动控制电路模拟接线图完成电路实际接线,并将安装工作步骤、注意事项和工具等内容按要求填入表 5-1-3 中。

表 5-1-3　反接制动控制电路安装与调试工作表

序号	工 作 步 骤	注 意 事 项	使 用 工 具
1			
2			
3			
4			
5			
6			
7			
8			

② 注意事项:接线时必须先接负载端,后接电源端。

（2）自检。

① 外观检查。目视检查各检测点是否存在缺陷，并将检查结果填入表 5-1-4 中。

表 5-1-4　反接制动控制电路自检记录表

序号	检查项目	检查内容	结果符合（√或×）
1	元器件安装	布局合理、间距均匀	
2	元器件外观质量	防护齐全、无损伤	
3	标记、线号	完整、可读	
4	接线头工艺	所有导线两端压装接线头	
5		同一端子不超过两个接线头	
6		不压绝缘层、不露铜、不反圈	
7	导线工艺	横平竖直，垂直进入线槽	
8		导线无损伤，不拼接	
9		主电路三相电线用黄绿红三种颜色区分	
10		零线用蓝线	
11		接地线用黄绿线区分	
12		控制电路与主电路用导线颜色和线径加以区分	
13	线槽工艺	所有连接线垂直进线槽	
14	安全意识	不带电操作	
15	操作规范	工具使用合理	
16		工具、耗材摆放整齐，不脚踩工具等	
17	文明生产	清扫卫生	
18	团队协作	分工协作、互相配合、共同探讨	

② 功能检查。根据反接制动控制电路的工作原理，断开 QF，分别操作按钮和接触器的触头支架，记录万用表的数值，并与正确值对比，分析电路的通断情况。按要求填写表 5-1-5 和表 5-1-6。

表 5-1-5　主电路检查记录表

检查内容	检测点	状态	正确阻值	检测结果
短路排查	L11—L21	常态或 KM1、KM2 动作	∞	
	L21—L31	常态或 KM1、KM2 动作	∞	
	L11—L31	常态或 KM1、KM2 动作	∞	
线路逻辑检查	L11—U	KM1、KM2 动作	$\infty \rightarrow 0$	
	L21—V	KM1、KM2 动作	$\infty \rightarrow 0$	
	L31—W	KM1、KM2 动作	$\infty \rightarrow 0$	

备注：KM 动作是指线路不通电时按下 KM 触头支架。

表 5-1-6　控制电路检查记录表

检 测 点	状 态	正 确 阻 值	检测结果
L31—L21	常态	∞	
L31—L21	按下 SB2	∞→R_{KM1}	
L31—L21	按下 SB1	∞	

备注:R_{KM1} 为 KM1 线圈的直流电阻值。

（3）通电调试。

检查配线安装无误,符合电路图和接线图的要求后,通电调试。如果不能按控制要求正常运行,则断电检查线路故障,排查和维修故障后再通电调试,直至正常运行。通电调试情况填入表 5-1-7 中。

表 5-1-7　通电调试记录表

操作过程	工作状态	结果符合(√或×)
接通 QF,按下 SB2	KM1 接触器线圈通电吸合,电动机起动运转	
按下 SB1	KM1 接触器线圈失电释放,KM2 接触器线圈通电吸合,电源反接,电动机开始制动,当电动机 M 转速接近 120 r/min 时,KS 常开触点断开,KM2 接触器线圈失电释放,电动机停止运转	

（4）故障分析及排除。

参考反接制动控制电路常见故障分析及排除方法,小组成员分析讨论在调试过程中故障发生的原因,与教师沟通交流后排除故障,并将故障现象和原因分析结果及排除方法填入表 5-1-8 中。

表 5-1-8　反接制动控制电路故障分析及排除记录表

序号	故 障 现 象	原 因 分 析	排 除 方 法
1			
2			
3			
4			

【任务评价】

对学生的任务实施情况进行评价，反接制动控制电路安装与调试评价表见表 5-1-9。

表 5-1-9　反接制动控制电路安装与调试评价表

项 目	评价内容	评价标准	配分	得分
反接制动控制电路的安装与调试	小组讨论情况	主动参与、查阅资料、给出合理的答案	5	
	线号标注	线号标注正确、完整	5	
	接线图绘制	接线图绘制正确、完整，走线合理	15	
	元器件选择	元器件型号、规格、数量、作用选择、描述正确	10	
	工具选择	工具选择合理、正确	5	
	元器件安装	元器件布局合理，安装正确、牢固	10	
	布线	布线横平竖直、导线颜色选择符合标准；接点无松动、无露铜过长、无压绝缘层、无反圈现象	10	
	自检	正确使用万用表对元器件、电源、线路进行检测	10	
	通电试车	在教师的监督下，安全通电试车一次成功	10	
	故障分析排除	能够分析故障原因，会用万用表检测和排除故障	10	
安全文明生产和职业素养	安全意识	不带电操作，正确使用工具，器具不乱放、脚踩，遵守工作纪律	5	
	文明生产	不浪费耗材、清理卫生、保持整洁、团结协作	5	

任务 5.2　能耗制动控制电路的安装与调试

【小组讨论】

请与小组成员讨论分析三相异步电动机能耗制动控制电路的工作原理，用流程图表示。

_____

_____

_____

_____

_____

【计划准备】

（1）在能耗制动控制电路原理图（图 5-2-1）中标注线号。

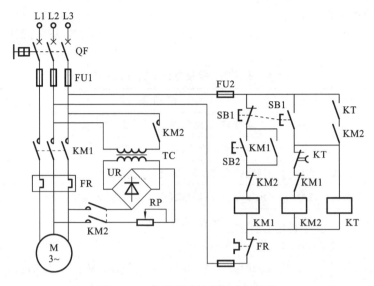

图 5-2-1 能耗制动控制电路原理图

（2）在能耗制动控制模拟接线图（图 5-2-2）上用导线将元器件连接起来,注意区分常开触点和常闭触点。

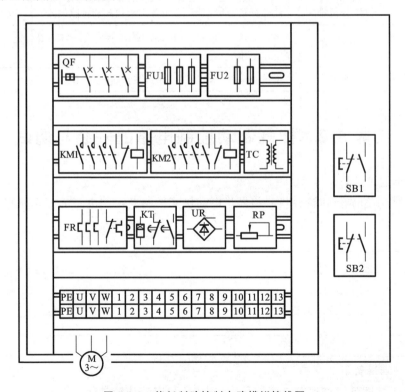

图 5-2-2 能耗制动控制电路模拟接线图

（3）根据能耗制动控制电路的组成选择需要的元器件，并将正确的元器件信息填入表 5-2-1 中。

表 5-2-1　能耗制动控制电路元器件明细表

序号	元器件名称	型号及规格	数量	作用
1				
2				
3				
4				
5				
6				
7				
8				
9				
10				
11				
12				

（4）根据实训的内容和要求选择合适的工具。能耗制动控制电路安装与调试工具清单见表 5-2-2。

表 5-2-2　能耗制动控制电路安装与调试工具清单

序号	工具名称	需要（√或×）
1	十字螺丝刀	
2	一字螺丝刀	
3	尖嘴钳	
4	斜口钳	
5	剥线钳	
6	压线钳	
7	镊子	
8	验电笔	
9	数字万用表	
10	指针式万用表	

【实践操作】

在实训台上安装三相异步电动机能耗制动控制电路,并完成线路检测与功能调试。

(1)安装。

①按照三相异步电动机能耗制动控制电路模拟接线图完成电路实际接线,并将安装工作步骤、注意事项和工具等内容按要求填入表5-2-3中。

表 5-2-3 能耗制动控制电路安装与调试工作表

序号	工 作 步 骤	注 意 事 项	使用工具
1			
2			
3			
4			
5			
6			
7			
8			

② 注意事项:接线时必须先接负载端,后接电源端。

(2)自检。

① 外观检查。目视检查各检测点是否存在缺陷,并将检查结果填入表5-2-4中。

表 5-2-4 能耗制动控制电路自检记录表

序号	检 查 项 目	检 查 内 容	结果符合(√或×)
1	元器件安装	布局合理、间距均匀	
2	元器件外观质量	防护齐全、无损伤	
3	标记、线号	完整、可读	
4	接线头工艺	所有导线两端压装接线头	
5		同一端子不超过两个接线头	
6		不压绝缘层、不露铜、不反圈	

序号	检查项目	检查内容	结果符合(√或×)
7	导线工艺	横平竖直,垂直进入线槽	
8		导线无损伤,不拼接	
9		主电路三相电线用黄绿红三种颜色区分	
10		零线用蓝线	
11		接地线用黄绿线区分	
12		控制电路与主电路用导线颜色和线径加以区分	
13	线槽工艺	所有连接线垂直进线槽	
14	安全意识	不带电操作	
15	操作规范	工具使用合理	
16		工具、耗材摆放整齐,不脚踩工具等	
17	文明生产	清扫卫生	
18	团队协作	分工协作、互相配合、共同探讨	

② 功能检查。根据能耗制动控制电路的工作原理,断开 QF,分别操作按钮和接触器的触头支架,记录万用表的数值,并与正确值对比,分析电路的通断情况。按要求填写表 5-2-5 和表 5-2-6。

表 5-2-5　主电路检查记录表

检查内容	检测点	状态	正确阻值	检测结果
短路排查	L11—L21	常态或 KM1、KM2 动作	∞	
	L21—L31	常态或 KM1、KM2 动作	∞	
	L11—L31	常态或 KM1、KM2 动作	∞	
线路逻辑检查	L11—U	KM1、KM2 动作	$\infty \rightarrow 0$	
	L21—V	KM1、KM2 动作	$\infty \rightarrow 0$	
	L31—W	KM1、KM2 动作	$\infty \rightarrow 0$	

备注:KM 动作是指线路不通电时按下 KM 触头支架。

表 5-2-6　控制电路检查记录表

检测点	状态	正确阻值	检测结果
0—1	常态	∞	
0—1	按下 SB2	$\infty \rightarrow R_{KM1}$	
0—1	按下 SB1	$\infty \rightarrow R_{KM2}$	

备注:R_{KM1} 为 KM1 线圈的直流电阻值;R_{KM2} 为 KM2 线圈的直流电阻值。

（3）通电调试。

检查配线安装无误，符合电路图和接线图的要求后，通电调试。如果不能按控制要求正常运行，则断电检查线路故障，排查和维修故障后再通电调试，直至正常运行。通电调试情况填入表5-2-7中。

表 5-2-7　通电调试记录表

操作过程	工作状态	结果符合（√或×）
接通 QF，按下 SB2	KM1 接触器线圈通电吸合，电动机起动运转	
按下 SB1	KM1 接触器线圈失电释放，KM2 接触器线圈通电吸合，电动机开始制动，KT 时间继电器线圈通电吸合，延时断开常闭触点断开，KM2 接触器线圈失电释放，电动机停止运转	

（4）故障分析及排除。

参考能耗制动控制电路常见故障分析及排除方法，小组成员分析讨论在调试过程中故障发生的原因，与教师沟通交流后排除故障，并将故障现象和原因分析结果及排除方法填入表5-2-8中。

表 5-2-8　能耗制动控制电路故障分析及排除记录表

序号	故障现象	原因分析	排除方法
1			
2			
3			
4			

【任务评价】

对学生的任务实施情况进行评价，能耗制动控制电路安装与调试评价表见表5-2-9。

表 5-2-9　能耗制动控制电路安装与调试评价表

项　目	评价内容	评价标准	配分	得分
能耗制动控制电路的安装与调试	小组讨论情况	主动参与、查阅资料、给出合理的答案	5	
	线号标注	线号标注正确、完整	5	
	接线图绘制	接线图绘制正确、完整，走线合理	15	
	元器件选择	元器件型号、规格、数量、作用选择、描述正确	10	

项　目	评价内容	评价标准	配分	得分
能耗制动控制电路的安装与调试	工具选择	工具选择合理、正确	5	
	元器件安装	元器件布局合理,安装正确、牢固	10	
	布线	布线横平竖直、导线颜色选择符合标准;接点无松动、无露铜过长、无压绝缘层、无反圈现象	10	
	自检	正确使用万用表对元器件、电源、线路进行检测	10	
	通电试车	在教师的监督下,安全通电试车一次成功	10	
	故障分析排除	能够分析故障原因,会用万用表检测和排除故障	10	
安全文明生产和职业素养	安全意识	不带电操作,正确使用工具,器具不乱放、脚踩,遵守工作纪律	5	
	文明生产	不浪费耗材、清理卫生、保持整洁、团结协作	5	

任务 5.3　双速电动机控制电路的安装与调试

【小组讨论】

(1)请与小组成员讨论分析双速电动机调速的原理。

_____

_____

_____

(2)绘制 4/2 极△/YY 双速电动机定子绕组接线图。

（3）请与小组成员讨论分析，简述双速电动机调速控制电路的工作原理，用流程图表示。

_____

_____

_____

_____

_____

_____

【计划准备】

（1）在双速电动机控制电路原理图（图 5-3-1）中标注线号。

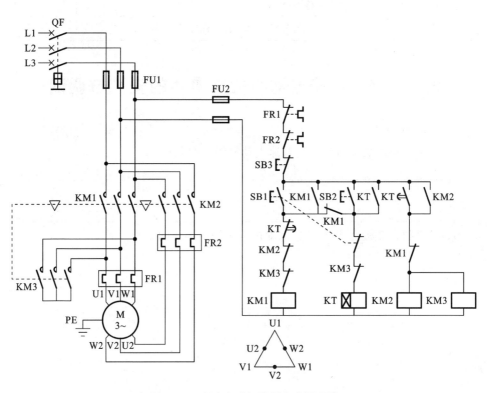

图 5-3-1 双速电动机控制电路原理图

（2）在双速电动机控制模拟接线图（图 5-3-2）上用导线将元器件连接起来，注意区分常开触点和常闭触点。

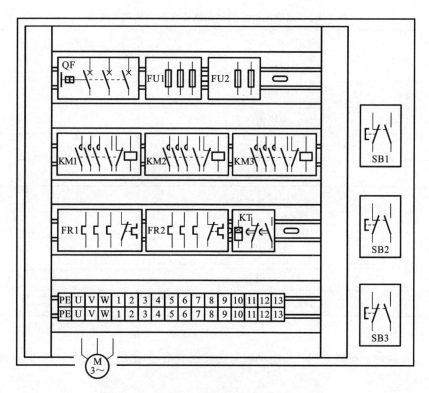

图 5-3-2 双速电动机控制电路模拟接线图

（3）根据双速电动机控制电路的组成选择需要的元器件，并将正确的元器件信息填入表 5-3-1 中。

表 5-3-1 双速电动机控制电路元器件明细表

序号	元器件名称	型号及规格	数量	作用
1				
2				
3				
4				
5				
6				
7				
8				
9				

（4）根据实训的内容和要求选择合适的工具。双速电动机控制电路安装与调试工具清单见表 5-3-2。

表 5-3-2　双速电动机控制电路安装与调试工具清单

序号	工 具 名 称	需要(√或×)
1	十字螺丝刀	
2	一字螺丝刀	
3	尖嘴钳	
4	斜口钳	
5	剥线钳	
6	压线钳	
7	镊子	
8	验电笔	
9	数字万用表	
10	指针式万用表	

【实践操作】

在实训台上安装三相异步电动机双速控制电路,并完成线路检测与功能调试。

（1）安装。

① 按照双速电动机控制电路模拟接线图完成电路实际接线,并将安装工作步骤、注意事项和工具等内容按要求填入表 5-3-3 中。

表 5-3-3　双速电动机控制电路安装与调试工作表

序号	工 作 步 骤	注 意 事 项	使 用 工 具
1			
2			
3			
4			
5			
6			
7			
8			

② 注意事项：接线时必须先接负载端，后接电源端。

（2）自检。

① 外观检查。目视检查各检测点是否存在缺陷，并将检查结果填入表5-3-4中。

表5-3-4　双速电动机控制电路自检记录表

序号	检查项目	检查内容	结果符合(√或×)
1	元器件安装	布局合理、间距均匀	
2	元器件外观质量	防护齐全、无损伤	
3	标记、线号	完整、可读	
4	接线头工艺	所有导线两端压装接线头	
5		同一端子不超过两个接线头	
6		不压绝缘层、不露铜、不反圈	
7	导线工艺	横平竖直，垂直进入线槽	
8		导线无损伤，不拼接	
9		主电路三相电线用黄绿红三种颜色区分	
10		零线用蓝线	
11		接地线用黄绿线区分	
12		控制电路与主电路用导线颜色和线径加以区分	
13	线槽工艺	所有连接线垂直进线槽	
14	安全意识	不带电操作	
15	操作规范	工具使用合理	
16		工具、耗材摆放整齐，不脚踩工具等	
17	文明生产	清扫卫生	
18	团队协作	分工协作、互相配合、共同探讨	

② 功能检查。根据双速电动机控制电路的工作原理，断开QF，分别操作按钮和接触器的触头支架，记录万用表的数值，并与正确值对比，分析电路的通断情况。按要求填写表5-3-5和表5-3-6。

表5-3-5　主电路检查记录表

检查内容	检测点	状态	正确阻值	检测结果
短路排查	L11—L21	常态或KM1、KM2动作	∞	
	L21—L31	常态或KM1、KM2动作	∞	
	L11—L31	常态或KM1、KM2动作	∞	

检查内容	检测点	状 态	正确阻值	检测结果
线路逻辑检查	L11—U	KM1、KM2 动作	∞→0	
	L21—V	KM1、KM2 动作	∞→0	
	L31—W	KM1、KM2 动作	∞→0	

备注:KM 动作指线路不通电时按下 KM 触头支架。

表 5-3-6 控制电路检查记录表

检 测 点	状 态	正确阻值	检测结果
L21—L31	常态	∞	
L21—L31	按下 SB1	∞→R_{KM1}	
	按下 SB2	∞→R_{KT}	
L21—L31	按下 SB3	∞	

备注:R_{KM1} 为 KM1 线圈的直流电阻值;R_{KT} 为 KT 线圈的直流电阻值。

（3）通电调试。

检查配线安装无误,符合电路图和接线图的要求后,通电调试。如果不能按控制要求正常运行,则断电检查线路故障,排查和维修故障后再通电调试,直至正常运行。通电调试情况填入表 5-3-7 中。

表 5-3-7 通电调试记录表

操 作 过 程	工 作 状 态	结果符合(√或×)
接通 QF,按下 SB1	KM1 接触器线圈通电吸合,电动机起动低速运转	
按下 SB2	KT 线圈通电延时,延时时间到,KM1 接触器线圈失电,KM2 和 KM3 接触器线圈通电,电动机高速运行	
按下 SB3,断开 QF	KM2 和 KM3 接触器线圈失电,电动机停止运行	

（4）故障分析及排除。

参考双速电动机控制电路常见故障分析及排除方法,小组成员分析讨论在调试过程中故障发生的原因,与教师沟通交流后排除故障,并将故障现象和原因分析结果及排除方法填入表 5-3-8 中。

表 5-3-8　双速电动机控制电路故障分析及排除记录表

序号	故障现象	原因分析	排除方法
1			
2			
3			
4			

【任务评价】

对学生的任务实施情况进行评价,双速电动机控制电路安装与调试评价表见表 5-3-9。

表 5-3-9　双速电动机控制电路安装与调试评价表

项目	评价内容	评价标准	配分	得分
双速电动机控制电路的安装与调试	小组讨论情况	主动参与、查阅资料、给出合理的答案	5	
	线号标注	线号标注正确、完整	5	
	接线图绘制	接线图绘制正确、完整,走线合理	15	
	元器件选择	元器件型号、规格、数量、作用选择、描述正确	10	
	工具选择	工具选择合理、正确	5	
	元器件安装	元器件布局合理,安装正确、牢固	10	
	布线	布线横平竖直、导线颜色选择符合标准;接点无松动、无露铜过长、无压绝缘层、无反圈现象	10	
	自检	正确使用万用表对元器件、电源、线路进行检测	10	
	通电试车	在教师的监督下,安全通电试车一次成功	10	
	故障分析排除	能够分析故障原因,会用万用表检测和排除故障	10	
安全文明生产和职业素养	安全意识	不带电操作,正确使用工具,器具不乱放、脚踩,遵守工作纪律	5	
	文明生产	不浪费耗材、清理卫生、保持整洁、团结协作	5	

项目 6 典型机床电气系统的分析与故障检修

任务 6.1 CA6140 型卧式车床电气系统的分析与故障检修

【小组讨论】

(1) 请与小组成员查阅相关资料,识别 CA6140 型卧式车床的结构组成。

_____

_____

(2) 小组讨论,简述 CA6140 型卧式车床的运动形式。

_____

_____

_____

(3) 请与小组成员观察机床的结构和操作演示,简述 CA6140 型卧式车床的电气控制特点及要求。

_____

_____

_____

_____

_____

【计划准备】

(1) 识读 CA6140 型卧式车床电气控制原理图,分析电路组成。

CA6140 型卧式车床电气控制系统主要由主电路、控制电路和辅助电路三部分组成。CA6140 型卧式车床电气控制系统电路主要的元器件见表 6-1-1,请将相关信息补充完整。

(2) CA6140 型卧式车床电气控制电路的操作运行。

先由教师示范 CA6140 型卧式车床电气控制电路的操作运行过程和操作方法;

表 6-1-1　CA6140 型卧式车床电气控制系统主要元器件

电路识读任务	区位	元器件名称	电气符号	元器件功能
识读电源电路	2	组合开关		
	4	熔断器		
	6	变压器		
	7	熔断器		
	7	熔断器		
	7	熔断器		
识读主电路	3	热继电器		
	4	热继电器		
	3	主轴电动机		
	4	冷却泵电动机		
	5	刀架快速移动电动机		
识读控制电路	7	接触器线圈		
	8	中间继电器线圈		
	9	中间继电器线圈		
	7	急停按钮		
	7,8	主轴电动机起动按钮		
	7	主轴电动机停止按钮		
	8	冷却泵电动机起动按钮		
	8	冷却泵电动机停止按钮		
	9	刀架快速移动按钮		
	7	安全保护行程开关		
识读照明电路	10	带按下自锁按钮		
	10	照明灯		
	11	电源指示灯		

然后在教师的监督下,各小组分别对车床进行操作,了解车床的各种工作状态及操作方法,根据运行情况分析控制过程。

① 操作主轴电动机 M1。

按表 6-1-2 进行逐项操作,并做好记录。

表 6-1-2　主轴电动机 M1 的控制

序号	操作内容	观察内容	正常结果	观察结果(符合√,不符合×)
1	按下 SB2 或 SB3	KM	吸合	
		主轴	运转	
2	按下 SB4 或 SB1	KM	释放	
		主轴	停转	

② 小组讨论分析主轴电动机 M1 的控制过程,用流程图表示。

起动过程:＿＿＿＿＿＿＿＿＿＿＿＿＿＿＿＿＿＿＿＿＿＿＿＿＿

停止过程:＿＿＿＿＿＿＿＿＿＿＿＿＿＿＿＿＿＿＿＿＿＿＿＿＿

③ 操作冷却泵电动机 M2。

冷却泵电动机 M2 需要在主轴电动机 M1 起动后才能运行,因此,在起动主轴电动机 M1 后,再按表 6-1-3 进行操作,观察冷却泵的工作情况,并做好记录。

表 6-1-3　冷却泵电动机 M2 的控制

序号	操作内容	观察内容	正常结果	观察结果(符合√,不符合×)
1	按下 SB5	KA1	吸合	
		冷却泵电动机 M2	运转	
		切削液管	有切削液流出	
2	按下 SB6	KM	释放	
		主轴	停转	
		切削液管	切削液停止流出	

④ 小组讨论分析冷却泵电动机 M2 的控制过程,用流程图表示。

起动过程:＿＿＿＿＿＿＿＿＿＿＿＿＿＿＿＿＿＿＿＿＿＿＿＿＿

停止过程:＿＿＿＿＿＿＿＿＿＿＿＿＿＿＿＿＿＿＿＿＿＿＿＿＿

⑤ 操作刀架快速移动电动机 M3。

按表 6-1-4 进行操作,观察刀架和电气控制柜内部电气元件的动作情况,并记录观察结果。

表 6-1-4　刀架快速移动电动机 M3 的控制

序号	操作内容	观察内容	正常结果	观察结果(符合√,不符合×)
1	按下 SB7	KA2	吸合	
		刀架快速移动电动机 M3	运转	
		刀架	快速移动	

序号	操 作 内 容	观 察 内 容	正 常 结 果	观察结果(符合√,不符合×)
2	松开 SB7	KA2	释放	
		刀架快速移动电动机 M3	停转	
		刀架	停止	

（3）在教师的指导和监督下,参考电气元件位置图和机床电气系统电路图,熟悉车床电气元件的位置和走线情况。小组讨论后简述车床电气元件的位置和走线。

（4）根据实训的内容和要求选择合适的工具。CA6140 型卧式车床电气系统的故障检修工具清单见表 6-1-5。

表 6-1-5　CA6140 型卧式车床电气系统的故障检修工具清单

类型	名 称	数 量	型 号	备 注
工具	常用电工工具	每组一套	—	
	万用表	每组一块	MF47	
	测电笔	每组一支	—	
	兆欧表	每组一块	5050 型	

【实践操作】

（1）在 CA6140 型卧式车床上或车床故障维修模拟实训设备上人为设置故障点。在机床上设置故障时应注意以下几点。

① 人为设置的故障必须是模拟车床在使用中,由于受外界因素影响而造成的自然故障。

② 切忌设置更改线路或更换电气元件等由于人为原因而造成的非自然故障。

③ 对于设置一个以上故障点的线路,故障现象尽可能不要相互掩盖,如果故障相互掩盖,按要求应有明显的检查顺序。

④ 设置的故障需与学生应该具备的排查维修能力相适应。按照学生检修水平的逐步提高,再相应提高故障的难度等级。

⑤ 在车床故障维修模拟实训设备上设置故障点,应按照设备使用说明书的要求设置。

（2）教师示范检修。教师进行示范检修可参照下述检修步骤及要求。

① 通电试验,观察故障现象。

② 根据故障现象,按照电路图控制逻辑关系,分析确定故障范围。

③ 采用正确的检查方法查找故障点,并排除故障。

④ 检修完成后,通电试验,并做好维修记录。

（3）教师设置事先安排好的故障点，指导学生从故障现象着手进行分析，引导学生用正确的检修步骤和检修方法进行检修。故障现象及故障原因分析等填入表 6-1-6 中。

表 6-1-6　CA6140 型卧式车床电气系统的故障检修记录表

序号	故 障 现 象	故障原因分析	检 修 方 法	备注
1				
2				
3				
4				
5				
6				
7				
8				
9				
10				

【任务评价】

CA6140 型卧式车床电气系统电路的故障检修评价表见表 6-1-7。

表 6-1-7　CA6140 型卧式车床电气系统电路的故障检修评价表

项目	评 价 内 容	配分	评 分 标 准	扣分	得分
故障分析	正确标出故障线路，能够正确标出故障点	50	故障线路标注错误扣 15 分		
			不能标出故障点，每个点扣 10 分		
故障排除	要停电验电；正确使用工具及仪表；使用正确方法排除故障；不损坏元器件；能够排除故障点	40	不停电验电扣 5 分		
			工具及仪表使用不正确，每次扣 5 分		
			排除故障方法不正确扣 10 分		
			损坏元器件，每处扣 20 分		
			不能排除故障点，每处扣 20 分		
			产生新故障或扩大故障范围，每处扣 20 分		
安全生产	自觉遵守安全文明生产规程	10	违反安全文明生产规程，每次扣 2 分		
时间	4 h		提前正确完成，每 5 min 加 5 分；超过定额时间，每 5 min 扣 2 分		
开始时间		结束时间		实际时间	

任务 6.2 X62W 万能铣床电气系统的分析与故障检修

【小组讨论】

(1)请与小组成员查阅相关资料,识别 X62W 万能铣床的结构组成。

_____

_____

_____

(2)小组讨论,简述 X62W 万能铣床的运动形式。

_____

_____

_____

(3)请与小组成员观察机床的结构和操作演示,简述 X62W 万能铣床的电气控制特点及要求。

_____

_____

_____

_____

_____

_____

【计划准备】

(1)识读 X62W 万能铣床电气控制原理图,分析电路组成。

X62W 万能铣床电气控制系统主要由主电路和控制电路组成。X62W 万能铣床电气控制系统电路的主要元器件见表 6-2-1,请将相关信息补充完整。

表 6-2-1 X62W 万能铣床电气控制系统主要元器件

单元	区位	元器件名称	电 气 符 号	元器件功能
电源电路	2	组合开关		
	3	组合开关		
	1	熔断器		
	11	变压器		
	11	变压器		
	7	变压器		
	5	熔断器		

单元	区位	元器件名称	电气符号	元器件功能
电源电路	6、12	熔断器		
	7、12	熔断器		
主电路	2	热继电器		
	5	热继电器		
	3	热继电器		
	2	主轴电动机		
	5	进给电动机		
	3	冷却泵电动机		
控制电路	7	整流器		
	14	接触器		
	17	接触器		
	18	接触器		
	19	接触器		
	13、14	按钮		
	15、16	按钮		
	14	按钮		
	8	电磁离合器		
	10	电磁离合器		
	11	电磁离合器		
	13	位置开关		
	17	位置开关		
	18	位置开关		
	18	位置开关		
	18	位置开关		
	19	位置开关		

（2）X62W 万能铣床电气控制电路的操作运行。

先由教师示范 X62W 万能铣床电气控制电路的操作运行过程和操作方法，然后在教师的监督下，各小组分别对铣床进行操作，了解铣床的各种工作状态及操作方法，根据运行情况分析控制过程。

① 操作主轴电动机 M1。

按表 6-2-2 进行逐项操作,并做好记录。

表 6-2-2　主轴电动机 M1 的控制

序号	项目	操作内容	观察内容	正常结果	观察结果 (符合√,不符合×)
1	主轴起动	SA3 扳到所需的转向位置,按下 SB1 或 SB2	KM1	吸合	
			主轴	运转	
2	主轴停止	按下 SB5 或 SB6	KM1	释放	
			主轴	停转	
3	变速冲动	压动开关 SQ1	KM1	吸合	
			主轴	点动	
4	主轴换刀	SA1 转到接通状态	YC1	接通	
			主轴	制动	

② 小组讨论分析主轴电动机 M1 的控制过程,用流程图表示。

起动过程:＿＿＿＿＿＿＿＿＿＿＿＿＿＿＿＿＿＿＿＿＿＿＿＿＿＿＿＿＿

停止过程:＿＿＿＿＿＿＿＿＿＿＿＿＿＿＿＿＿＿＿＿＿＿＿＿＿＿＿＿＿

③ 操作进给电动机 M2。

按表 6-2-3 进行操作,观察进给电动机 M2 的工作情况,并做好记录。

表 6-2-3　进给电动机 M2 的控制

序号	项目	操作内容	观察内容	正常结果	观察结果 (符合√,不符合×)
1	工作台的左右进给运动	手柄扳到左位置	KM3	吸合	
			进给电动机 M2	正向运转	
		手柄扳到右位置	KM4	吸合	
			进给电动机 M2	反向运转	
2	工作台的上下和前后进给运动	手柄扳到上或后位置	KM3	吸合	
			进给电动机 M2	正向运转	
		手柄扳到下或前位置	KM4	吸合	
			进给电动机 M2	反向运转	
3	联锁控制	左右进给手柄扳向右,另一进给手柄扳到上位置	KM3、KM4	释放	
			进给电动机 M2	停转	

序号	项目	操作内容	观察内容	正常结果	观察结果 (符合√,不符合×)
4	工作台 变速冲动	进给手柄放在中间, 拉出变速盘,选择进给 速度,变速盘推回原位	进给齿轮	松开	
			KM3	吸合	
			M2	起动运转	
			齿轮系统	依次抖动啮合	
5	工作台 快速移动	扳动手柄选择进给方 向,按下 SB3 或 SB4	KM2	吸合	
			YC2	接通	
			M2	快速进给	
		松开 SB3 或 SB4	KM2	释放	
			YC2	断开	
			M2	停转	
6	圆工作台 的控制	SA2 扳到接通位置	KM3	吸合	
			M2	起动运转	
		SA2 扳到断开位置	KM3	释放	
			M2	停转	

④ 小组讨论分析进给电动机 M2 的控制过程,用流程图表示。

工作台左右进给:＿＿＿＿＿＿＿＿＿＿＿＿＿＿＿＿＿＿＿＿＿＿＿

工作台上下和前后进给:＿＿＿＿＿＿＿＿＿＿＿＿＿＿＿＿＿＿＿＿

联锁控制:＿＿＿＿＿＿＿＿＿＿＿＿＿＿＿＿＿＿＿＿＿＿＿＿＿＿

＿＿＿＿＿＿＿＿＿＿＿＿＿＿＿＿＿＿＿＿＿＿＿＿＿＿＿＿＿＿

工作台变速冲动:＿＿＿＿＿＿＿＿＿＿＿＿＿＿＿＿＿＿＿＿＿＿＿

＿＿＿＿＿＿＿＿＿＿＿＿＿＿＿＿＿＿＿＿＿＿＿＿＿＿＿＿＿＿

工作台快速移动:＿＿＿＿＿＿＿＿＿＿＿＿＿＿＿＿＿＿＿＿＿＿＿

＿＿＿＿＿＿＿＿＿＿＿＿＿＿＿＿＿＿＿＿＿＿＿＿＿＿＿＿＿＿

⑤ 小组讨论分析照明电路控制,用流程图表示。

＿＿＿＿＿＿＿＿＿＿＿＿＿＿＿＿＿＿＿＿＿＿＿＿＿＿＿＿＿＿

(3)在教师的指导和监督下,参考电气元件位置图和铣床电气系统电路图,熟悉铣床电气元件的位置和走线情况。小组讨论后简述铣床电气元件的位置和走线。

＿＿＿＿＿＿＿＿＿＿＿＿＿＿＿＿＿＿＿＿＿＿＿＿＿＿＿＿＿＿

＿＿＿＿＿＿＿＿＿＿＿＿＿＿＿＿＿＿＿＿＿＿＿＿＿＿＿＿＿＿

（4）根据实训的内容和要求选择合适的工具。X62W 万能铣床电气系统的故障检修工具清单见表 6-2-4。

表 6-2-4　X62W 万能铣床电气系统的故障检修工具清单

类型	名　称	数　量	型　号	备　注
工具	常用电工工具	每组一套	—	
	万用表	每组一块	MF47	
	测电笔	每组一支	—	
	兆欧表	每组一块	5050 型	

【实践操作】

（1）在 X62W 万能铣床上或铣床故障维修模拟实训设备上人为设置故障点。在机床上设置故障时应注意以下几点。

① 人为设置的故障必须是模拟铣床在使用中，由于受外界因素影响而造成的自然故障。

② 切忌设置更改线路或更换电气元件等由于人为原因而造成的非自然故障。

③ 对于设置一个以上故障点的线路，故障现象尽可能不要相互掩盖，如果故障相互掩盖，按要求应有明显的检查顺序。

④ 设置的故障需与学生应该具备的排查维修能力相适应。按照学生检修水平的逐步提高，再相应提高故障的难度等级。

⑤ 在铣床故障维修模拟实训设备上设置故障点，应按照设备使用说明书的要求设置。

（2）教师示范检修。教师进行示范检修可参照下述检修步骤及要求。

① 通电试验，观察故障现象。

② 根据故障现象，按照电路图控制逻辑关系，分析确定故障范围。

③ 采用正确的检查方法查找故障点，并排除故障。

④ 检修完成后，通电试验，并做好维修记录。

（3）教师设置事先安排好的故障点，指导学生从故障现象着手进行分析，引导学生用正确的检修步骤和检修方法进行检修。故障现象及故障原因分析等填入表 6-2-5 中。

表 6-2-5　X62W 万能铣床电气系统的故障检修记录表

序号	故障现象	故障原因分析	检修方法	备注
1				
2				
3				

序号	故 障 现 象	故障原因分析	检 修 方 法	备注
4				
5				
6				
7				
8				
9				
10				

【任务评价】

X62W 万能铣床电气系统电路的故障检修评价表见表 6-2-6 所示。

表 6-2-6　X62W 万能铣床电气系统电路的故障检修评价表

项目	评价内容	配分	评分标准	扣分	得分
故障分析	正确标出故障线路，能够正确标出故障点	50	故障线路标注错误扣 15 分		
			不能标出故障点，每个点扣 10 分		
故障排除	要停电验电；正确使用工具及仪表；使用正确方法排除故障；不损坏元器件；能够排除故障点	40	不停电验电扣 5 分		
			工具及仪表使用不正确，每次扣 5 分		
			排除故障方法不正确扣 10 分		
			损坏元器件，每处扣 20 分		
			不能排除故障点，每处扣 20 分		
			产生新故障或扩大故障范围，每处扣 20 分		
安全生产	自觉遵守安全文明生产规程	10	违反安全文明生产规程，每次扣 2 分		
时间	4 h		提前正确完成，每 5 min 加 5 分；超过定额时间，每 5 min 扣 2 分		
开始时间		结束时间		实际时间	

任务 6.3　M7130 型平面磨床电气系统的分析与故障检修

【小组讨论】

（1）请与小组成员查阅相关资料，识别 M7130 型平面磨床的结构组成。

_____

_____

_____

（2）小组讨论，简述 M7130 型平面磨床的运动形式。

_____

_____

_____

（3）请与小组成员观察机床的结构和操作演示，简述 M7130 型平面磨床的电气控制要求。

_____

_____

_____

_____

_____

【计划准备】

（1）识读 M7130 型平面磨床电气控制原理图，分析电路组成。

M7130 型平面磨床电气控制系统主要由主电路和控制电路组成。M7130 型平面磨床电气控制系统电路的主要元器件见表 6-3-1，请将相关信息补充完整。

表 6-3-1　M7130 型平面磨床电气控制系统主要元器件

单元	区位	元器件名称	电气符号	元器件功能
电源电路	1	组合开关		
	6	组合开关		
	2	熔断器		
	5	熔断器		
	17	熔断器		
	10	熔断器		
	9	整流变压器		

单元	区位	元器件名称	电气符号	元器件功能
电源电路	17	照明变压器		
	11	整流器		
主电路	2	热继电器		
	3	热继电器		
	4	热继电器		
	2	砂轮电动机		
	3	冷却泵电动机		
	4	液压泵电动机		
控制电路	16	电磁吸盘		
	6	接触器		
	8	接触器		
	14	欠电流继电器		
	6	按钮		
	6	按钮		
	8	按钮		
	8	按钮		
	10	电阻器		
	13	电阻器		
	15	电阻器		
	10	电容器		
	18	照明灯		
	3	接插器		
	15	接插器		

（2）M7130 型平面磨床电气控制电路的操作运行。

先由教师示范 M7130 型平面磨床电气控制电路的操作运行过程和操作方法，然后在教师的监督下，各小组分别对磨床进行操作，了解磨床的各种工作状态及操作方法，根据运行情况分析控制过程。

按表 6-3-2 逐项操作砂轮电动机 M1、冷却泵电动机 M2、液压泵电动机 M3，并做好记录。

表 6-3-2　电动机 M1、M2、M3 的控制

序号	项目	操作内容	观察内容	正常结果	观察结果（符合√，不符合×）
1	电磁吸盘操作	QS2 放置于吸合位置	YH	通电	
			KA	吸合	
2	液压泵电动机 M3 操作	QS2 放置于吸合位置，按下 SB3	KM2	吸合	
			M3	运转	
		QS2 放置于吸合位置，按下 SB4	KM2	释放	
			M3	停止	
3	砂轮和冷却泵电动机 M1、M2 操作	QS2 放置于吸合位置，按下 SB1	KM1	吸合	
			M1、M2	运转	
4	照明电路操作	SA 转到接通状态	EL	接通	

（3）小组讨论分析砂轮电动机 M1、冷却泵电动机 M2、液压泵电动机 M3 的控制过程，用流程图表示。

砂轮电动机 M1：_____

_____

冷却泵电动机 M2：_____

_____

液压泵电动机 M3：_____

（4）在教师的指导和监督下，参考电气元件位置图和磨床电气系统电路图，熟悉磨床电气元件的位置和走线情况。小组讨论后简述磨床电气元件的位置和走线。

_____

_____

（5）根据实训的内容和要求选择合适的工具。M7130 型平面磨床电气系统的故障检修工具清单见表 6-3-3。

表 6-3-3　M7130 型平面磨床电气系统的故障检修工具清单

类型	名　称	数　量	型　号	备　注
工具	常用电工工具	每组一套	—	
	万用表	每组一块	MF47	
	测电笔	每组一支	—	
	兆欧表	每组一块	5050 型	

【实践操作】

（1）在 M7130 型平面磨床上或磨床故障维修模拟实训设备上人为设置故障点。在机床上设置故障时应注意以下几点。

① 人为设置的故障必须是模拟磨床在使用中，由于受外界因素影响而造成的自然故障。

② 切忌设置更改线路或更换电气元件等由于人为原因而造成的非自然故障。

③ 对于设置一个以上故障点的线路，故障现象尽可能不要相互掩盖，如果故障相互掩盖，按要求应有明显的检查顺序。

④ 设置的故障需与学生应该具备的排查维修能力相适应。按照学生检修水平的逐步提高，再相应提高故障的难度等级。

⑤ 在磨床故障维修模拟实训设备上设置故障点，应按照设备使用说明书的要求设置。

（2）教师示范检修。教师进行示范检修可参照下述检修步骤及要求。

① 通电试验，观察故障现象。

② 根据故障现象，按照电路图控制逻辑关系，分析确定故障范围。

③ 采用正确的检查方法查找故障点，并排除故障。

④ 检修完成后，通电试验，并做好维修记录。

（3）教师设置事先安排好的故障点，指导学生从故障现象着手进行分析，引导学生用正确的检修步骤和检修方法进行检修。故障现象及故障原因分析等填入表 6-3-4 中。

表 6-3-4　M7130 型平面磨床电气系统的故障检修记录表

序号	故障现象	故障原因分析	检修方法	备注
1				
2				
3				
4				
5				
6				
7				
8				
9				
10				

【任务评价】

M7130 型平面磨床电气系统电路的故障检修评价表见表 6-3-5。

表 6-3-5　M7130 型平面磨床电气系统电路的故障检修评价表

项目	评价内容	配分	评分标准	扣分	得分
故障分析	正确标出故障线路,能够正确标出故障点	50	故障线路标注错误扣 15 分		
			不能标出故障点,每个点扣 10 分		
故障排除	要停电验电;正确使用工具及仪表;使用正确方法排除故障;不损坏元器件;能够排除故障点	40	不停电验电扣 5 分		
			工具及仪表使用不正确,每次扣 5 分		
			排除故障方法不正确扣 10 分		
			损坏元器件,每处扣 20 分		
			不能排除故障点,每处扣 20 分		
			产生新故障或扩大故障范围,每处扣 20 分		
安全生产	自觉遵守安全文明生产规程	10	违反安全文明生产规程,每次扣 2 分		
时间	4 h		提前正确完成,每 5 min 加 5 分;超过定额时间,每 5 min 扣 2 分		
开始时间		结束时间		实际时间	